Axure RP9

产品经理
就业技能实战教程

狄睿鑫 编著

人民邮电出版社

北 京

图书在版编目（CIP）数据

Axure RP9产品经理就业技能实战教程 ／ 狄睿鑫编著
. -- 北京 ：人民邮电出版社，2022.1（2023.8重印）
ISBN 978-7-115-56912-7

Ⅰ．①A… Ⅱ．①狄… Ⅲ．①网页制作工具－教材
Ⅳ．①TP393.092.2

中国版本图书馆CIP数据核字(2021)第136411号

内 容 提 要

本书所有内容均采用 Axure RP9 版本进行编写。前 5 章按照"知识导入—软件功能详解—巩固练习—工作技巧—技能提升"的思路进行编排，全面、系统地介绍软件的各项操作技能，并设置了"综合案例"一章，快速提升读者的实操能力。最后一章"产品经理职场秘诀"，能够帮助新人产品经理在实际工作中将 Axure RP9 运用得更加得心应手。

可以直接扫码查看书中案例的动态交互效果，本书配备在线教学视频，用通俗的语言解读产品制作思路，详细地介绍每个操作步骤。此外，本书还提供案例源文件和素材文件，并随书附赠后台管理系统通用元件库和移动端元件库，方便读者学习模仿，并应用到实际工作中，以提升工作效率。

本书面向的读者不仅仅是产品经理，还包括项目经理、信息架构师、交互设计师、用户体验师、可用性专家、运营专员、前端工程师和商务人员等。本书也可作为培训机构、大中专院校相关专业的教学参考书。

♦ 编　著　狄睿鑫
　　责任编辑　王　冉
　　责任印制　马振武
♦ 人民邮电出版社出版发行　　北京市丰台区成寿寺路 11 号
　　邮编　100164　　电子邮件　315@ptpress.com.cn
　　网址　https://www.ptpress.com.cn
　　廊坊市印艺阁数字科技有限公司印刷
♦ 开本：787×1092　1/16
　　印张：10.75　　　　　　　　2022 年 1 月第 1 版
　　字数：290 千字　　　　　　2023 年 8 月河北第 6 次印刷

定价：84.90 元

读者服务热线：(010)81055410　印装质量热线：(010)81055316
反盗版热线：(010)81055315
广告经营许可证：京东市监广登字 20170147 号

前言

在互联网公司中，"产品经理"岗位越来越受到重视，许多大学生都希望在毕业后能够从事产品经理相关的工作。然而大学一般没有和产品经理完全对口的专业，只有计算机相关专业、软件工程专业和设计类专业会开设相应的选修课，或在课程中对产品经理的某些基础技能有所涉及，这些专业的学生有的具备软件开发知识，有的具备设计能力，因此入门相对容易。还有一些在互联网行业中已经有过几年工作经验的其他岗位的职场人也希望能够转行成为产品经理，本书就是他们学习基本技能的好帮手。

界面原型设计是产品经理必须掌握的技能之一。Axure RP9 是一款主流的原型设计工具，可以根据需要制作各种保真程度的界面原型，自诞生以来一直受到广大产品经理和设计师的青睐。需要强调的是，产品经理并不仅仅只需学会使用 Axure RP9。产品经理不是一个画线框图的"工具人"，他需要有出色的产品设计能力、文案能力、沟通能力和项目管理能力，要善于解决团队中遇到的各种问题，高级产品经理还需要具备敏锐的市场洞察力和数据敏感性。由此可见，产品经理是一个对综合素质要求较高的岗位。

由于笔者的水平有限，书中难免出现疏漏和不足之处，还请广大读者指正。

作者
2021 年 11 月

资源与支持

本书由"数艺设"出品，"数艺设"社区平台（www.shuyishe.com）为您提供后续服务。

配套资源

◆ 案例源文件、素材文件
◆ 案例动态交互效果、在线教学视频
◆ 后台管理系统通用元件库
◆ 移动端元件库

资源获取请扫码

教师专享资源

◆ 讲义大纲、PPT 教学课件

"数艺设"社区平台，为艺术设计从业者提供专业的教育产品。

与我们联系

我们的联系邮箱是 szys@ptpress.com.cn。如果您对本书有任何疑问或建议，请您发邮件给我们，并请在邮件标题中注明本书书名及 ISBN，以便我们更高效地做出反馈。

如果您有兴趣出版图书、录制教学课程，或者参与技术审校等工作，可以发邮件给我们；有意出版图书的作者也可以到"数艺设"社区平台在线投稿（直接访问 www.shuyishe.com 即可）。如果学校、培训机构或企业想批量购买本书或"数艺设"出版的其他图书，也可以发邮件联系我们。

如果您在网上发现针对"数艺设"出品图书的各种形式的盗版行为，包括对图书全部或部分内容的非授权传播，请您将怀疑有侵权行为的链接通过邮件发给我们。您的这一举动是对作者权益的保护，也是我们持续为您提供有价值的内容的动力之源。

关于"数艺设"

人民邮电出版社有限公司旗下品牌"数艺设"，专注于专业艺术设计类图书出版，为艺术设计从业者提供专业的图书、U书、课程等教育产品。出版领域涉及平面、三维、影视、摄影与后期等数字艺术门类，字体设计、品牌设计、色彩设计等设计理论与应用门类，UI 设计、电商设计、新媒体设计、游戏设计、交互设计、原型设计等互联网设计门类，环艺设计手绘、插画设计手绘、工业设计手绘等设计手绘门类。更多服务请访问"数艺设"社区平台 www.shuyishe.com。我们将提供及时、准确、专业的学习服务。

目录

Axure RP9

第1章

准备成为原型大师

1

成为原型设计师之前，要做一些必要的准备工作。
了解界面原型在项目不同阶段的意义，然后熟悉原型设计工具
Axure RP9 的基本操作，
并绘制第一张原型图。学完本章内容，
读者将对原型设计工作和 Axure RP9
有一个基本的了解和认识。

 学习目标　了解界面原型的作用　|　熟悉 Axure RP9 的工作界面
掌握 Axure RP9 的基础配置　|　绘制第一张原型图

1.1 界面原型与 Axure RP9

界面原型主要用于产品的需求沟通，它能够帮助设计师把抽象的想法转换成直观的可视化图形。Axure RP 是产品经理最先接触的基础软件之一，也是一款应用非常广泛的原型设计工具。

1.1.1 知识导入：如何表述软件需求

产品经理在团队中是一个承上启下的角色，上游需要面对客户、用户、老板和市场运营人员，下游需要面对研发团队中的开发工程师、测试工程师和设计师，与这几种角色沟通的主要内容就是"需求"。先来思考一个问题：在开发一款软件或一个网站时，如何把需求清晰地表达出来，并让参与项目的各方都能够准确无误地理解？

口头交流无疑是很方便的方法，但这样交流不能形成档案记录，交流过后很容易遗忘，不方便后期查阅、管理和工作交接。每个人的语言表达能力和理解能力是有差异的，因此容易出现表述不清和理解有偏差的问题。

比较传统的方法是用文字的形式记录想法和创意，供大家传阅。这种方法的好处是可以让所有的内容都留有痕迹，但缺点也比较明显。需求分析是一个从宏观到微观、从模糊到具体的过程，要把抽象的想法落地，变成一个个具体的功能，开发团队才能够理解，而单纯地依靠文字描述不容易做到这一点。文字不够直观，缺乏对细节的表达；文字在理解时容易出现偏差；冗长的内容也让人没有读下去的耐心。

上面这两种方法之所以不够实用，是因为都没有触碰到需求分析的最后一层——功能点。开发团队不能直接获取功能点，就不能高效地完成开发任务。而产品经理存在的价值就是把诸如业务分析、功能设计等工作从开发团队中抽离出来，让专业的人做专业的事，使团队得以良性运转。

进一步分析，"页面"是功能的载体，直接把页面画出来，开发团队不就可以很直观地理解软件需要做成什么样子了吗？但在项目前期，不需要把页面设计得非常漂亮。因为在需求分析阶段，页面上的内容可能会反复变动，产品经理只需要用草图勾勒出页面的大体框架即可，这个草图就是界面原型。产品经理可以通过界面原型，与所有的项目参与方进行沟通。

在项目的不同阶段，界面原型有着不同的作用。面向的对象不同，其保真程度也不同。

1.1.2 认识界面原型

界面原型是一种可以模拟真实产品的模型，把抽象的想法通过可视化的页面和交互动作更直观地表达出来，体现了软件产品的设计理念、业务逻辑和功能模块。

1. 界面原型的保真度

从视觉样式和交互动作两个方面，按照与真实产品的相似程度，界面原型可以分为低保真原型和高保真原型。原型的保真度越高，越接近真实产品。

低保真原型又被称为线框图。在视觉样式方面，线框图只需把页面上的各种文本、按钮和表单等组件进行粗略的排版即可，不要过度关注组件之间的距离、尺寸和颜色等样式，以免干扰对业务和功能逻辑的思考，限制 UI 设计师的思路。可以使用不同深度的灰色表示页面元素的层级关系，使用某种高亮颜色区分重要元素和次要元素。在交互动作方面，一般只需做出页面跳转链接、弹出层等基础效果即可。对于移动端原型，也可以使用箭头把原型缩览图连接起来，表示页面的跳转关系，如图 1-1 所示。

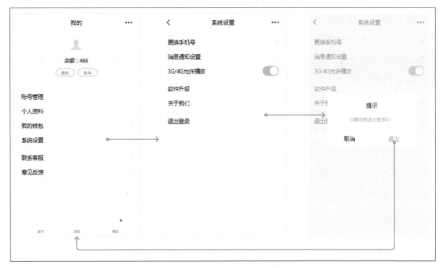

图 1-1

高保真原型会尽可能贴近真实产品的视觉样式和交互动作。在视觉样式方面，界面原型与视觉设计稿保持高度一致，如图 1-2 所示。在交互动作方面，要制作出详细的交互效果，例如，不同状态下显示的内容、动画切换方式和异常流程的处理等。

图 1-2

界面原型的保真度没有明确的界限，也不是每个项目都需要制作高保真原型，要视情况灵活掌握。下面就几种典型的场景做简要说明。

2. 界面原型的使用场景

场景一：记录和讨论最原始的想法。

多适用于新产品的需求讨论阶段，此时没有必要对界面原型精雕细琢，只需要低保真原型即可，甚至可以不使用软件工具，直接使用纸笔绘制。

场景二：确认需求。

通过对市场调研、运营数据的分析，产品经理会得出一些新需求，此为内部需求。除此之外，用户在使用产品后提出的反馈意见，市场运营人员为解决工作中遇到的产品问题而提出的要求，一些定制开发的项目要满足的客户需求，这些都被称为外部需求。面对外部需求，要通过界面原型与提出需求的人进行确认，既要保证产品经理理解的需求和对方提出的需求是一致的，也要保证设计的原型方案能够解决遇到的问题，确认无误后再进入开发排期。

要根据面对的对象制作不同保真度的原型。对于产品的终端用户，如有必要，使用高保真原型进行用户测试；对于市场运营等内部人员，无须关注原型的视觉样式，交互效果的制作程度可视情况而定，只要能够清晰表达功能逻辑即可；对于为项目买单的客户，如有条件，最好也使用高保真原型，这样能更好地体现团队的专业性，提升团队形象。

> **提示**
>
> 制作界面原型相对于软件研发来说是很简单的，先通过原型进行需求确认，再进行软件研发，可以显著降低成本。

场景三：产品需求评审。

正式开发之前，要在团队内部进行需求评审。使用界面原型和产品需求文档（PRD，后面会讲解）向研发团队讲解产品功能，通过团队的力量检查设计的功能是否可行、逻辑是否有漏洞，此时使用低保真原型即可满足要求。

评审通过后，开发工程师进行编程，测试工程师编写测试用例，设计师设计效果图。

场景四：产品演示、培训。

有时需要给投资人演示产品，或者给用户做产品培训，但真实产品还没有开发完成，没有稳定版本可用。此时可以使用高保真原型代替真实产品。因为比起开发工作，完善原型的保真度时间成本要小得多，可以解燃眉之急。

> **提示**
>
> 对于互联网产品，易用性是一重要的指标，易用性好表现在用户几乎不需要学习成本就可以轻松使用产品的各项功能。但对于某些行业软件来说，由于其业务流程本身的复杂性，有时需要对用户进行使用培训。

3. 界面原型贯穿项目研发过程

界面原型贯穿了整个项目的研发过程。图 1-3 所示是项目研发的流程图，图中的每一个环节都离不开界面原型。

◎ 分析需求后，使用界面原型把需求转化成具体的功能。

◎ PRD 是对界面原型的补充说明。

◎ 界面原型 +PRD 是进行需求评审的手段。

◎ 视觉设计需要以低保真原型为基础。

◎ 软件研发、编写测试用例需要以界面原型和 PRD 为依据。

◎ 软件测试需要以界面原型和 PRD 为标准。

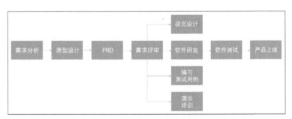

图 1-3

可以看到，界面原型是一个"标尺"，是产品设计能够实施下去的基础，是各方人员沟通的桥梁。作为产品经理，掌握好原型设计的专业技能，才能在工作中更加得心应手。

1.1.3　Axure RP9 的更新内容

Axure RP 在原型设计中的应用一直非常广泛，它是一款专业原型设计工具软件，可以快速创建移动端和 PC 端的线框图、可交互原型和需求规格说明书，形成完整的产品设计方案，支持多人协作和版本管理，支持 Windows 和 macOS 两种操作系统。Axure RP9 相比旧版本在软件功能、工作界面和响应速度上有比较大的变化，下面列举 Axure PR9 主要的更新内容。

◎　软件界面更加简洁和朴素，将使用率较低的功能进行了折叠隐藏处理，将有一定关联性的面板进行了合并整理。

◎　支持明亮模式和黑暗模式的切换。

◎　加载文件与元件库的速度更快。

◎　重新设计和优化了交互编辑器，能够在更少的单击次数下制作交互，同时增加了事件和动作的搜索功能。

◎　优化了编辑动态面板和中继器的体验，新增了隔离功能。

◎　支持预设或自定义页面尺寸，以快速创建移动端原型。

◎　画布增加了负空间。

◎　对 UI 设计师更加友好，新增了一些样式选项。移动元件时，可自动标注元件之间的距离。

◎　新的原型播放器更加简洁、高效，在 PC 端浏览器预览移动端原型时，可以模拟移动设备的显示和交互效果。

除了上述列举的更新内容外，还有很多新增和优化的功能体现在各个细节中，用户会在使用过程中切实感受到工作效率的提升。

1.2　Axure RP9 界面概览

Axure RP9 软件的工作界面进行了比较大的改动，为了能在后续的学习和工作中运用得更加得心应手，在正式绘制界面原型之前，要先了解软件中每个功能区的用途，并对软件进行一些基础设置。

1.2.1　知识导入：设置软件视图

Axure RP9 的界面可以分为 4 个区域：工具栏、左侧功能栏、画布和右侧功能栏，如图 1-4 所示。其中，工具栏、左侧 / 右侧功能栏的内容都可以根据实际需要自定义。

图 1-4

1. 自定义工具栏

选择菜单栏中的"视图 > 工具栏"命令，勾选"基本工具"和"样式工具"，选择"自定义基本工具列表"命令，如图 1-5 所示，可选择希望在工具栏中展示的内容，如图 1-6 所示。

图 1-5

图 1-6

2. 自定义功能栏

选择菜单栏中的"视图 > 功能区 > 开关左侧功能栏 / 开关右侧功能栏"命令，可以隐藏或显示左侧 / 右侧功能栏，如图 1-7 所示。

拖曳左侧 / 右侧功能栏的标题部分至目标位置，可以独立显示对应的功能区，例如独立显示样式功能区，如图 1-8 所示。也可以改变各个功能区的显示结构，例如将交互功能区放到样式功能区的下面，如图 1-9 所示。

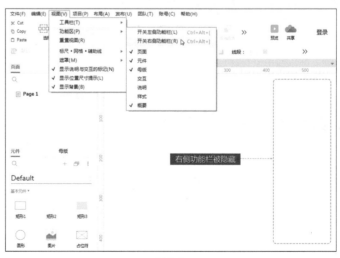

图 1-7

图 1-8　　　　　　　　　　　　　　　　　　图 1-9

选择菜单栏中的"视图 > 功能区"命令，在展开的二级菜单中，可以设置是否打开指定的功能区，如图 1-10
所示。

> **提示**
>
> 因为每个功能区都会用到，所以建议保持每个功能区均为打开状态。部分
> 功能区是以标签栏的方式切换的，在操作上可能稍有不便，可以根据自己
> 的使用习惯灵活设置各个功能区的显示结构。

图 1-10

3. 重置视图

选择菜单栏中的"视图 > 重置视图"命令，如图 1-11 所示，可恢复软件视图至初
始状态。

每个人使用的屏幕尺寸各不相同，也就意味着"画布"能够显示的范围有大有小，
设置视图主要是为了方便在"画布"上进行操作。在经过一段时间的摸索尝试后，可以
根据使用习惯、硬件设备等因素自行设置。那么这些功能区的主要用途是什么呢？下一
小节将做详细的介绍。

图 1-11

1.2.2　软件功能区介绍

下面介绍一下各个功能区的用途。

1. 工具栏

工具栏集合了常用的工具按钮，在此可以设置箭头模式、快速插入图形、设置图层关系、设置对齐方式，
也包括一些常用的样式工具，如图 1-12 所示。在后续的章节中，会穿插使用这些工具。

图 1-12

2. 页面功能区

可以在页面功能区中对项目中的页面或文件夹进行添加、移动、删除、剪切、粘贴、重命名、重复（复制）、

修改图表类型和生成流程图等操作，如图 1-13 所示。

图 1-13

提示 ▽

除了在右键菜单中进行页面和文件夹管理外，还可以在页面或文件夹上拖曳以改变顺序和层级，也可以按快捷键 Ctrl+↑ 或 Ctrl+↓ 改变顺序，按快捷键 Ctrl+ ←或 Ctrl+ →改变层级。

3. 元件功能区

元件功能区用于管理元件库，在此可以导入本地元件库、获取在线元件库、移除元件库、搜索元件，也可以把图片文件夹作为一个元件库使用，如图 1-14 所示。

元件是页面的基本组成部分，Axure RP9 自带 3 个元件库：Default（默认元件库）、Flow（流程图元件库）和 Icon（图标元件库）。

Default：最常用的元件库，其中的基本元件、表单元件、菜单和表格构成了界面原型；标记元件可以起到辅助说明的作用。

Flow：包含各种流程图元件；流程图元件可以通过流程图让复杂的业务逻辑变得条理清晰，配合界面原型起到辅助作用。

Icon：包含各种常用的矢量图标。

图 1-14

4. 母版功能区

当原型中有需要重复使用的内容时，可以将其制作成母版，方便随时调用，这样也给后期的维护工作带来诸多便利。

可以在母版功能区中对项目中的母版和文件夹进行添加、移动、删除、剪切、复制、粘贴、重命名、重复、设置拖放行为、设置应用的页面等操作，还可查看每个母版在页面中的使用情况，如图 1-15 所示。

图 1-15

5. 概要功能区

概要功能区可以看作 Axure RP9 中的图层管理器，用来显示当前页面中的所有元件和母版，在此可以非常方便地查看和修改页面中的图层关系和组合关系。概要功能区还支持排序和筛选显示的内容。在右侧功能栏，可以对页面中的元件命名，命名后元件也会在概要功能区中显示，在制作交互效果时能够更方便地找到它，如图 1-16 所示。

提示 ▽

在概要功能区中，若元件已命名，则显示元件名称，否则显示元件上的文本内容或元件类型。

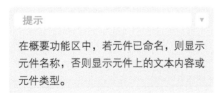

图 1-16

16

6. 样式功能区

在样式功能区中可设置页面样式和元件样式。在画布空白处单击，可设置页面样式；选中画布中的某个元件，可设置该元件的样式。

页面样式可设置的项目有页面尺寸、页面排列方式、填充颜色和填充图片，如图 1-17 所示。

元件样式可设置的项目有该元件的位置和尺寸、不透明性、排版、填充、线段、阴影、圆角和边距等，不同类型的元件可设置的项目有所不同，如图 1-18 所示。

图 1-17

7. 交互功能区

界面原型所有的交互效果都是在交互功能区制作的。未选中任何元件时，为页面交互功能区；选中元件后，为元件交互功能区。单击"新建交互"按钮和"交互编辑器"按钮可添加各类交互，如图 1-19 所示。

图 1-18

8. 说明功能区

在说明功能区可以填写页面或元件的说明文字，在生成后的原型中也可以查看，如图 1-20 所示。

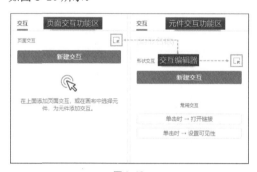

图 1-19

图 1-20

9. 画布

画布是最主要的功能区，用于绘制界面原型，上方和左侧分别有 x 轴标尺和 y 轴标尺，向右 x 轴数值变大，向下 y 轴数值变大。在 Axure RP9 中，画布支持负坐标（但生成原型后不直接显示负坐标区域），负坐标区域画布的背景颜色为浅灰色，x 轴和 y 轴方向的坐标范围都是 −20000 ～ 20000，如图 1-21 所示。

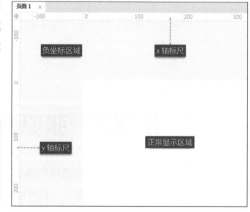

> **提示**
>
> 既然生成原型后不显示负坐标区域，那么负坐标区域还有什么作用呢？例如，有些交互动画是让某些元件从页面显示范围之外滑入页面内部，这样在设计时就应该把这些元件放到负坐标区域。

图 1-21

1.2.3　常规偏好设置

选择菜单栏中的"文件 > 偏好设置"命令，可以打开"偏好设置"对话框，对 Axure RP9 进行基础设置，如图 1-22 所示。

在"画布"选项卡下，可以设置软件外观为"明亮模式"或"黑暗模式"，"黑暗模式"是 Axure RP9 的新增模式。

在"备份"选项卡下，可以设置自动备份时长。为了防止由于系统崩溃、硬件损坏、停电等意外事故造成原型文件没有及时保存，可以勾选"启用备份"，以最大限度地减小损失。默认备份间隔时间为15分钟。

当需要恢复文件时，选择菜单栏中的"文件 > 从备份中恢复"命令，根据自动备份时间和文件名选择要恢复的文件版本即可，如图 1-23 所示。

图 1-22

图 1-23

为了更好地体验设置后的效果，其他偏好设置的内容将在后续的章节中穿插介绍。

1.3　绘制第一张原型图

下面使用 Axure RP9 绘制一张简单的静态原型图，初步感受一下 Axure RP9 的魅力，同时穿插介绍一些小工具和小技巧，为后续的学习和工作提供便利。

1.3.1　知识导入：项目文件的操作

下面使用 Axure RP9 绘制第一张原型图。

在绘制原型图之前，先了解一下原型项目文件的类型。使用 Axure RP9 创建的文件类型有 3 种，分别为个人项目文件、团队项目文件和元件库文件，扩展名分别为 .rp、.rpteam、.rplib。在学习前 3 章内容时，只需创建个人项目文件即可。

1. 新建项目文件

双击桌面上的 Axure RP9 快捷方式图标 ，在欢迎界面中单击"新建文件"按钮，即可创建个人项目文件。

如果已经打开了 Axure RP9，需要重新创建个人项目文件，可以选择菜单栏中的"文件 > 新建"命令（快捷键为 Ctrl+N），并按照提示保存当前项目，这样也可完成个人项目文件的创建，如图 1-24 所示。

图1-24

2. 保存项目文件

选择菜单栏中的"文件 > 保存"命令（快捷键为 Ctrl+S），选择保存路径，即可保存当前项目文件；选择菜单栏中的"文件 > 另存为"命令（快捷键为 Ctrl+Shift+S），可重新选择保存路径，如图 1-25 所示。

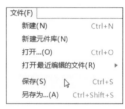

图1-25

3. 打开项目文件

在 Windows 资源管理器中找到项目文件，直接双击打开即可。

如果已经运行了 Axure RP9，选择菜单栏中的"文件 > 打开"命令（快捷键为 Ctrl+O），按照提示保存当前项目后，找到要打开的文件打开即可；也可以选择菜单栏中的"文件 > 打开最近编辑的文件"命令，打开最近编辑过的项目文件，如图 1-26 所示。

图1-26

1.3.2　元件的使用

按照上一小节的方法创建个人项目文件，然后按照下面讲解的方法，绘制一张网站登录页面的原型图，如图 1-27 所示。

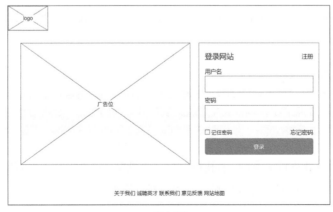

图1-27

1. 添加元件

直接把元件从元件库拖曳到画布中，即可在页面中添加元件（动画1）。

（动画1）案例效果

（动画2）案例效果

单击工具栏中的"插入"工具 ⊞ ，在下拉菜单中选择元件，在画布中拖曳也可以绘制对应的元件（动画2）。在"偏好设置"对话框的"画布"选项卡下，默认勾选"启用单键快捷键"，即"插入"工具下拉菜单中备选元件的快捷键，如图1-28所示。按单键快捷键并拖曳鼠标，可以快速完成添加元件的操作。

只有几个基础图形元件可以使用单键快捷键。

- ◎ P：钢笔绘画。
- ◎ L：线段。
- ◎ R：矩形。
- ◎ T：文本。
- ◎ O：圆形。

> **提示**
>
> 在使用单键快捷键时，要把输入法切换至英文状态。

图1-28

2. 元件的选择模式

（动画3）案例效果

元件有两种选择模式，即相交选中和包含选中，在工具栏中可以切换，如图1-29所示。元件在默认状态下为"相交选中"模式，即在画布上拖曳，鼠标指针活动范围接触到的元件都会被选中；切换为"包含选中"模式时，鼠标指针经过的范围必须完全包含元件，元件才会被选中（动画3）。

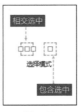

图1-29

> **提示**
>
> 按住 Ctrl 键并逐个单击元件，也可以选中多个元件。

3. 元件的基础使用

（动画4）案例效果

按住鼠标左键拖曳元件，可以改变元件的位置；拖曳元件四周的调节点可以改变元件的尺寸，按住 Shift 键拖曳调节点可以等比例缩放元件；双击元件，可以编辑其内容（动画4）。

> **提示**
>
> 不同的元件在双击时可编辑的内容是不同的。
>
> 对于图形元件、文本元件、部分表单元件（包括文本框、文本域、复选框、单选按钮）、菜单和表格元件，双击时可编辑文字；双击图片元件可导入图片；双击表单元件中的下拉列表框可编辑列表项；双击中继器元件可编辑项目；双击动态面板元件可编辑各个状态。在第2章中将详细介绍这些元件的特性。

（动画5）

案例效果

选中元件后，按快捷键 Ctrl+C 复制，按快捷键 Ctrl+V 粘贴。可按照上面讲解的方法选中多个元件同时进行复制。也可按住 Ctrl 键拖曳元件，进行快速复制（动画5）。

刚刚在进行页面排版时，很随性地设置了元件的位置尺寸。如果想精确调整元件位置，Axure RP9 还提供了一些工具辅助进行精确的页面排版，包括标尺、网格和辅助线。

1.3.3　标尺

通过画布上方和左侧的标尺，可以大体把控页面的范围和元件的位置（坐标）等内容。选择菜单栏中的"视图 > 标尺·网格·辅助线"命令，在展开的二级菜单中，可设置是否显示标尺，如图 1-30 所示。

图 1-30

1.3.4　网格

网格可以把画布平均分割成若干个方格空间，从而对元件起到较精确的定位作用。但网格默认不显示在画布上，选择菜单栏中的"视图 > 标尺·网格·辅助线"命令，在展开的二级菜单中，可设置是否显示网格、是否自动对齐到网格，如图 1-31 所示。

显示网格后，默认会自动对齐到网格，即拖曳元件时，元件的位置或边界会自动与网格的交叉点或网格边界重合，如图 1-32 所示。

图 1-31

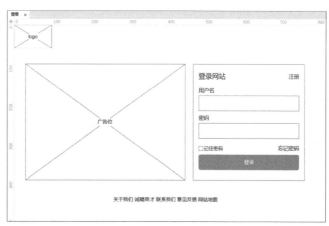

图 1-32

在"偏好设置"对话框的"网格"选项卡下，可设置网格的间距、样式和颜色，如图 1-33 所示。

图 1-33

1.3.5 辅助线

辅助线形成的栅格系统有利于规范页面布局，让网站和 App 看起来更加整洁、统一。需要手动创建的辅助线有全局辅助线和页面辅助线。全局辅助线存在于所有的页面，页面辅助线只适用于某一个页面。

1. 创建辅助线

方法 1： 精确设置辅助线的参数，通常用于构建栅格系统。

1️⃣ 选择菜单栏中的"视图 > 标尺·网格·辅助线 > 创建辅助线"命令，如图 1-34 所示，打开"创建辅助线"对话框。

图 1-34

2️⃣ 设置辅助线参数，如图 1-35 所示。

◎ 在"预设"下拉列表框中，可以选择主流的网页栅格系统。

◎ 列数 / 行数：栅格的列数或行数。

◎ 列宽 / 行高：栅格的宽度或高度。

◎ 间隙：栅格之间的间距。

◎ 边距：左右两侧或上下两端距离边界的距离。

◎ 根据需要决定是否勾选"创建为全局辅助线"。

图 1-35

3️⃣ 使用上图的参数构建的栅格系统如图 1-36 所示。

> **提示**　▼
>
> 如果不需要水平辅助线，把"行数"设置为 0 即可；如果不需要垂直辅助线，把"列数"设置为 0 即可。

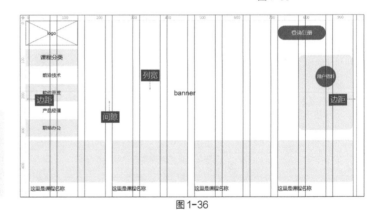

图 1-36

方法 2： 按住标尺向画布中拖曳，也可创建页面辅助线。拖曳画布中的辅助线可以改变辅助线的位置。把辅助线拖曳至标尺外，即可删除该辅助线（动画 6）。

（动画 6）

案例效果

2. 锁定辅助线

选择菜单栏中的"视图 > 标尺·网格·辅助线 >"命令，在展开的二级菜单中，可设置是否锁定辅助线，如图 1-37 所示。锁定辅助线后，将不能改变辅助线的位置，也不能删除辅助线。

3. 辅助线设置

在"偏好设置"对话框的"辅助线"选项卡下，勾选"底层显

图 1-37

示辅助线"后，辅助线将显示在元件的下层；勾选"始终在标尺中显示位置"后，标尺处将显示每条辅助线的坐标；还可设置每种辅助线的颜色，如图 1-38 所示。

> **提示**
>
> 除了全局辅助线和页面辅助线外，Axure RP9 中还有以下两种辅助线。
> 页面尺寸辅助线：显示于页面范围内的辅助线，当指定原型设备后，会自动生成，无须手动创建。
> 打印辅助线：显示可打印区域的辅助线，无须手动创建。

图 1-38

1.3.6　画布的使用技巧

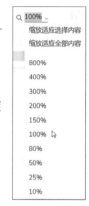

在移动画布时，除了使用滚动条外，还可以按住空格键拖曳。

按快捷键 Ctrl+9 可以让画布快速回到原点。

在工具栏中可选择画布的缩放比例，如图 1-39 所示。也可以按住 Ctrl 键，滚动鼠标滚轮进行缩放。

图 1-39

1.4　巩固练习：搜索引擎首页原型

素材位置	素材文件 >CH01>1.4 巩固练习：搜索引擎首页原型
实例位置	实例文件 >CH01>1.4 巩固练习：搜索引擎首页原型 .rp
视频名称	巩固练习：搜索引擎首页原型 .mp4
学习目标	绘制搜索引擎核心搜索区域的界面原型

扫码看视频

搜索引擎核心搜索区域的界面原型如图 1-40 所示。

图 1-40

1️⃣ 假设页面宽度为 1000 像素，分别在 500 像素和 1000 像素处创建两条垂直辅助线，如图 1-41 所示。

图 1-41

2️⃣ 向画布中拖入图片元件，双击导入素材文件夹中的 logo.png 图片，在工具栏中设置其位置为（370, 175），尺寸为 261 像素 ×90 像素，如图 1-42 所示。

③ 向画布中拖入文本框元件，在工具栏中设置线段颜色为灰色（#D7D7D7），位置为（197,295），尺寸为505像素×40像素，如图1-43所示。

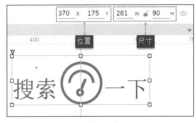

图1-42   图1-43

④ 向画布中拖入主要按钮元件至文本框右侧，双击修改文字为"百度一下"，在样式功能区中设置填充颜色为蓝色（#3388FF），位置为（702,295），尺寸为100像素×40像素，圆角半径为0，如图1-44所示。

这样，搜索引擎的核心搜索区域就制作完成了，按F5键即可在浏览器中查看效果。

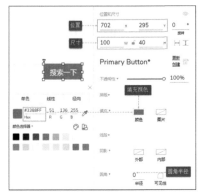

> **提示**
>
> 默认设置下，在浏览器中页面是居中显示的，理论上不需要使用辅助线来限定页面宽度，但logo和搜索框两部分需要相对居中，添加辅助线后方便计算位置坐标。具体说明详见本节配套在线视频。

图1-44

1.5 工作技巧

本节介绍两个工作技巧，即如何设置原型尺寸和如何规划页面及功能结构。

1.5.1 工作技巧：原型尺寸规范

界面原型的尺寸不是随意设置的，在Axure RP9中预设了Web端原型和部分移动设备的原型尺寸，能够满足绝大部分的工作场景。

1.Web端原型尺寸

虽然计算机的屏幕比较大，但原型不是在屏幕上铺得越满越好。对于展示型、宣传型的网站，如华为官网上的产品介绍页面，做成全屏响应式布局是可以的，显得非常大气；但对于大多数内容型、信息型的网站来说，页面宽度过大会造成浏览不适，用户需要不停转动眼睛或头部，体验很差。

在样式功能区中，当把页面尺寸切换为Web时，页面宽度被自动设置成1024像素（可修改），如图1-45所示，这样网页的有效信息就会集中在屏幕中央，浏览网页时非常舒服。

图1-45

除了预设的 1024 像素，内容型、信息型的网站的宽度还可以设计成 960 像素、1000 像素或 1200 像素。

2. 移动端原型尺寸

在样式功能区中，提供了部分 iOS 设备和 Android 设备的预设尺寸，大多数下拉列表中标注的尺寸（逻辑分辨率）和真实设备的物理分辨率是不一样的。如 iPhone 8 的原型尺寸为 375 像素 ×667 像素（逻辑分辨率），如图 1-46 所示，但真实的物理分辨率为 750 像素 ×1334 像素。

这是因为不同设备的屏幕像素密度不同。计算机屏幕和早期的移动设备，屏幕像素密度低，逻辑分辨率一般等于物理分辨率。但现在的移动设备屏幕分辨率越来越高，而屏幕尺寸并没有成比例增加。例如，同为 5.5 英寸的屏幕，有些手机的分辨率是 720 像素 ×1280 像素，有些手机的分辨率是 1080 像素 ×1920 像素，逻辑分辨率可能不等于物理分辨率。

iPhone 8 的逻辑分辨率正好是物理分辨率的 1/2，方便计算，所以在进行界面原型设计时，一般以 iPhone 8 为基准（4.7 英寸 iOS 设备），在此设备下的页面各区域尺寸如图 1-47 所示。

图1-46

图1-47

1.5.2　工作技巧：规划页面和功能结构

面对一个复杂的产品项目时，不要立刻开始设计界面原型，推荐使用思维导图先对产品的页面和功能结构进行初步的规划，让思路更清晰，同时也可以避免遗漏，防止出现反复修改原型的情况。

思维导图是一种表达发散思维的图形工具，一般是把产品名称作为根节点，然后把二级页面和功能点继续扩充为子节点。图 1-48 所示是一款简化版商城 App 的框架型思维导图。把 App 分成"首页""分类""购物车""我的" 4 个模块，这 4 个一级页面的入口通常会放到 App 首页底部的标签栏；接着思考页面上承载的元素都有哪些，并列出页面上的主要功能；如果有下级页面，也用同样的方法画出，并最终形成较为完整的思维导图。

> **提示**
>
> 如果产品比较复杂，可以为各个终端（App、小程序、Web 端、管理后台）分别绘制思维导图；如果产品比较简单，可以把各个终端作为一张思维导图的二级节点使用。

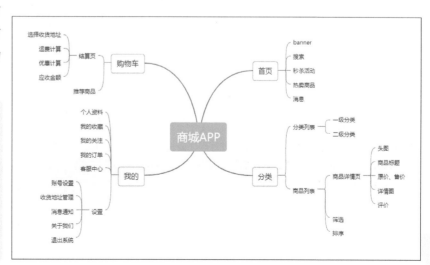

图1-48

绘制思维导图推荐使用 XMind、ProcessOn 或百度脑图。XMind 是一款客户端软件，ProcessOn 和百度脑图可以在线编辑、在线分享、实时更新，它们的绘图方法基本相同。

◎ 按 Tab 键添加子节点。

◎ 按 Enter 键添加同级节点。

◎ 拖曳节点可以改变顺序和层级。

> **提示** ▼
>
> 在平时学习或参考其他产品设计时，也可以使用思维导图分别画出各个竞品的产品框架，然后进行分析和对比。

从上面的例子中不难发现，思维导图节点的含义可能是"页面""功能"或"元素"。接下来需要把思维导图中的"页面"提炼出来，在 Axure RP9 的页面功能区中构建页面框架，如图 1-49 所示。这样，后续在设计每个页面时，就可以参考思维导图中的"功能"和"元素"了。

通过梳理产品框架，可以对产品进行一次统筹规划。从完成工作任务的角度来说，也进行了一次任务分解，明确了工作量，便于制订计划，把控进度。

图 1-49

1.6 技能提升：设计一份个人简历

素材位置	素材文件 >CH01>1.6 技能提升：设计一份个人简历
实例位置	实例文件 >CH01>1.6 技能提升：设计一份个人简历 .rp
视频名称	技能提升：设计一份个人简历 .mp4
学习目标	巩固页面排版的基础技能

扫码看视频

下面使用基础元件设计一份个人简历，样式如图 1-50 所示。

> **提示** ▼
>
> 在详细学习元件和交互的知识后，可以把个人简历做成动态可交互的效果，这样在就业面试时，既可以让面试官眼前一亮，又展示了自己的原型设计技能。在学完第 2 章和第 3 章后，各位读者可以自行尝试。

图 1-50

Axure RP9

正式开启
原型设计之路

本章先介绍 Default 元件库中各类元件的使用方法
及典型应用，然后制作一些简单的交互效果，最后介绍如何把
原型分享给其他人。本章是很重要的一章，
是学好 Axure RP9 的基础。学完本章内容，
读者可以熟练地制作一套
低保真原型。

 学习
目标　　掌握 Default 元件库中各类元件的使用　|　熟悉制作交互的一般步骤
　　　　　制作低保真原型中常见的交互效果　|　熟悉生成原型和分享原型的方法

2.1 基本元件

基本元件是构成页面的主要元素，本节介绍 Default 元件库中的图形、按钮、文本、图片、占位符、水平线、垂直线和热区等元件。

2.1.1 知识导入：变形计

向画布中拖入主要按钮和矩形 2 元件，如图 2-1 所示，观察这两个元件在外观上有哪些不同。

◎ 二者的尺寸不同。

◎ 二者的填充颜色不同。

◎ 主要按钮有圆角效果，而矩形 2 没有圆角效果。

◎ 主要按钮中显示"按钮"字样，而矩形 2 中没有文字。

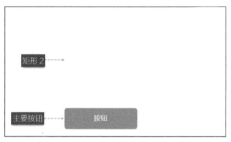

图 2-1

接下来把矩形 2 元件变成主要按钮元件。

[1] 在样式功能区中，设置矩形 2 的尺寸为 140 像素 ×40 像素，填充颜色为蓝色（#169BD5），圆角半径为 5，如图 2-2 所示。

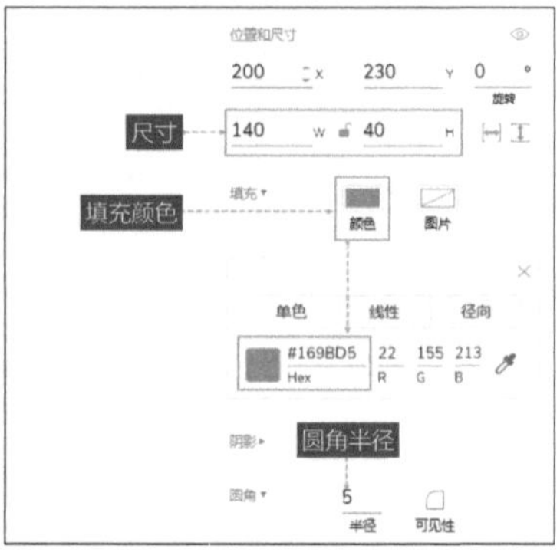

[2] 双击画布中的矩形 2，编辑文字内容为"按钮"，并在工具栏中设置文字颜色为白色（#FFFFFF），如图 2-3 所示。

这样，矩形 2 的外观就和主要按钮一模一样了。下面再来做一组对比，向画布中拖入按钮和文本标签元件，如图 2-4 所示，观察这两个元件在外观上有哪些不同。

◎ 二者的尺寸不同。

◎ 二者的字号不同。

◎ 按钮有黑色边框，而文本标签只有文字。

图 2-4

图 2-2

图 2-3

接下来把文本标签变成按钮。

[1] 在样式功能区中，设置文本标签的尺寸为 140 像素 ×40 像素，"线宽"为 1 像素，圆角半径为 5 像素，如图 2-5 所示。

[2] 在样式功能区中，设置文本标签的字号为 13，文字水平居中、垂直居中，如图 2-6 所示。

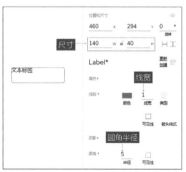

图 2-5

图 2-6

这样，文本标签元件就变成了按钮元件的形态。

通过上述两组对比可以看出，基本元件中有些元件只是默认样式不同，可以相互转化，在实战中可以灵活使用。接下来将对基本元件进行详细介绍。

2.1.2 图形 / 按钮 / 文本

图形、按钮和文本是进行页面排版、布局的基础元件，是组成页面的"骨架"。

1. 矩形和圆形

Default 元件库中有 3 种默认的矩形元件样式：矩形 1、矩形 2 和矩形 3。矩形 1 可以划分界面原型中的区域边界；矩形 2 和矩形 3 填充颜色的灰度不同，可以表示不同元素的级别梯度和主次关系。

把矩形 1 的长宽比例设置为 1:1，并修改圆角半径，即可变为圆形。在低保真线框图中，圆形可以用来模拟图标、按钮和标识等内容。

使用矩形和圆形组成的简要页面内容示意如图 2-7 所示。

2. 按钮

Default 元件库中有 3 种默认的按钮元件样式：按钮、主要按钮和链接按钮。按钮代表常规操作或次要操作；主要按钮的填充颜色为蓝色，代表主要操作，可以引导用户主动触发，当页面中出现按钮组时，一般只有 1 个主要按钮；在元素形态为超链接时使用链接按钮，如图 2-8 所示。

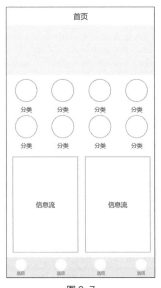

图 2-7

图 2-8

3. 标题 / 文本标签 / 文本段落

Default 元件库中有 3 个级别的标题元件：标题、文本标签和文本段落。标题和文本段落一般在 PC 端 Web 原型中使用，而在移动端 App 原型中一般使用文本标签即可。

文本段落和文本标签的区别是，在预设样式下，文本段落可以自动换行，而文本标签的宽度会自适应文字长度，当指定其宽度时才会换行。

4. 选择形状

在图形元件上执行右键菜单命令"选择形状"，可以把当前图形改变为其他形状，如图2-9所示。

5. 属性

图形、按钮和文本元件有相同的属性，在元件的交互功能区中可以进行设置，如图2-10所示。

工具提示： 设置鼠标指针悬停时的提示文字。

选项组： 当若干元件被设置为同一选项组时，该选项组内的元件在同一时刻只能有一个被选中。

禁用： 勾选后，该元件被设置为禁用状态，交互动作将失效。

选中： 勾选后，该元件被设置为选中状态，需要配合其他交互动作使用。

引用页面： 设置引用页面后，该元件的文本内容被修改为引用页面的名称，单击该元件可跳转至引用页面。

图2-9　　　　　　　　　　　　　　　　图2-10

2.1.3　图片

通过图片元件可以把本地图片导入原型项目中，让原型更真实、美观。双击画布中的图片元件，即可导入本地图片，如图2-11所示。也可以在样式功能区中设置填充图片，选择本地图片后，若图片过大，会提示是否进行优化。

在元件上执行右键菜单命令"变换形状 > 转换为图片"，可以把图形元件转换为图片元件，如图2-12所示。在把低保真原型完善成高保真原型时，通常使用这种方法导入图片，这样可以维持原有元件的尺寸和位置不变，避免了很多烦琐的步骤。

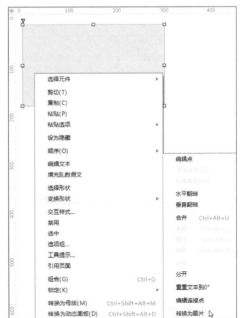

图2-11　　　　　　　　　　　　　　　　图2-12

在图片元件上执行右键菜单命令"编辑文本"，可以在图片中添加文字内容，如图 2-13 所示。

单击样式功能区中的"调整颜色"按钮，可以调节图片的色调、饱和度、亮度和对比度，如图 2-14 所示。

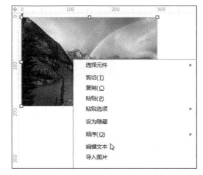

图 2-13

图 2-14

2.1.4　占位符

占位符元件一般在低保真原型中使用，可以临时代替暂时不需要进行详细设计的内容，如 logo 和广告位等。当某些细节内容有待推敲时，也可以使用占位符元件先进行区域划分，然后逐步完善，如图 2-15 所示。

在团队合作项目中，也可以使用占位符元件来告知其他成员某块区域已经被占用，提醒其他成员不要在该区域放置内容。

图 2-15

2.1.5　水平线 / 垂直线

水平线和垂直线元件可以用来分割页面的区域，也可以用来制作时间线和进度条等内容，如图 2-16 所示。

拖曳水平线或垂直线的端点，可以修改其长度和角度，按住 Shift 键拖曳，可以在水平方向或垂直方向上修改其长度。

单击工具栏或样式功能区中的"箭头样式"按钮，可以修改水平线和垂直线端点的样式，如图 2-17 所示。

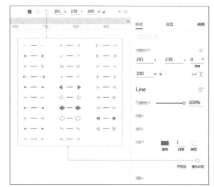

图 2-16

图 2-17

2.1.6 热区

热区元件在画布中是一个浅绿色的遮罩层，生成原型后在浏览器中是透明的，不会对原型的美观造成影响。热区用于辅助制作交互效果，为了方便操作，一般情况下将其置于顶层。

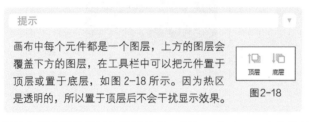

画布中每个元件都是一个图层，上方的图层会覆盖下方的图层，在工具栏中可以把元件置于顶层或置于底层，如图2-18所示。因为热区是透明的，所以置于顶层后不会干扰显示效果。

图2-18

图2-19

热区元件最常见的用法是为其添加跳转链接。例如，移动App中有些按钮的尺寸很小，可触发其单击事件的区域就比较小，点击成功率较低。为了提升用户体验，可以在按钮上覆盖一层热区，设置热区的尺寸略大于按钮的尺寸，然后为热区添加跳转链接，这样就可以在不改变原型外观的情况下，扩大按钮的可点击区域，如图2-19所示。

如果需要给一张图片上的部分区域添加跳转链接，也可以把热区覆盖到图片上，调整至合理的范围后，给热区添加跳转链接，如图2-20所示。

图2-20

因为热区是透明的，所以一些不能直接利用可见元件制作的交互效果，就可以使用热区元件制作，例如，让页面滚动到某个区域、加载更多等效果。

2.1.7 工作技巧：巧妙设置元件尺寸和对齐方式

在界面原型中，经常会有多个按钮、选项或图标组合排列，图2-21所示是一张栏目分类区域的局部原型图。

在绘制这部分内容时，通常会先制作其中一个栏目，然后复制，再修改文字内容，最后设置栏目之间的距离。但每个栏目名称的字数不等，在复制后修改文字时，栏目名称可能偏离栏目的中轴线，如图2-22所示。

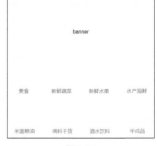

图2-21

究其原因，虽然第一个栏目中的圆形和文本标签已经相对居中，但文本标签是居左对齐的，当字数过多时，文字只能以第一个字的位置为基准向右侧延伸，破坏了居中效果。只需要把文本标签设置为居中对齐，当字数增加时，会以文本的中间位置为基准向两侧延伸，即可解决这个问题，如图 2-23 所示。

图 2-22

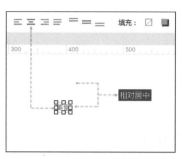
图 2-23

界面原型中的每个栏目之间还要做到等间距分布，此处提供一个比较快捷的方法。

■1 同时选中第一个栏目中的圆形和文本标签，单击工具栏中的"组合"按钮，或按快捷键 Ctrl+G，如图 2-24 所示。注意，此步骤必不可少。

■2 把组合后的栏目复制 3 次，形成 4 个栏目。先确定第一个和最后一个栏目的位置，然后选中这 4 组栏目，单击工具栏中的"水平"按钮，这样第一排栏目就实现了等间距分布。接着用同样的方法制作第二排栏目，依此类推，完成 4 个栏目的制作，如图 2-25 所示。

图 2-24

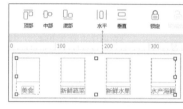
图 2-25

2.2　表单元件

通过各种类型的表单元件可以获取用户输入的数据，表单是软件系统与用户进行数据交互最常见的形式。Default 元件库中的表单元件包括文本框、文本域、下拉列表、列表框、复选框和单选按钮。

2.2.1　知识导入：用户注册页面

表单在软件中负责数据采集，例如，用户在文本框中输入手机号，在单选按钮中选择性别，在复选框中选择兴趣标签等。Axure RP9 中的表单元件就是用来模拟各种数据交互形式的。以注册页面为例，其中包含了常见的表单形式，接下来用已经学过的知识制作一个注册页面，如图 2-26 所示。

制作完成后，单击工具栏中的"预览"按钮，或按 F5 键在浏览器中查看效果，此时会发现一些问题。

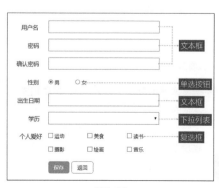
图 2-26

◎ 密码框应该显示为密文。

◎ 选择性别时没有实现单选效果。

◎ 出生日期应该使用日期选择器获取，而不是手动输入。

◎ 除了文本框之外，其他表单元件都有备选项可供选择，避免了手动输入可能出现的错误，但应该如何选择合适的表单呢？

学完本节，上面的问题将会迎刃而解。

2.2.2 文本框和文本域

文本框和文本域可以让用户手动输入数据，是最基础的表单元件之一。

1. 文本框的类型属性

文本框允许用户自主输入一行数据，当采集的数据具有不确定性时，则需要使用文本框，例如，用户名、密码、文章标题和商品名称等。

Axure RP9 中的文本框默认为文本类型，还可以转变为多种形态。单击元件交互功能区的属性按钮 ⋮ ，可以设置文本框类型，如图 2-27 所示。

◎ 文本：默认的文本框类型，可以输入中文、英文、数字和特殊字符等，支持复制、粘贴操作。

◎ 密码：以密文形式显示，不支持直接输入中文，但可以把剪贴板中的中文粘贴进去。

◎ 邮箱：输入的数据必须符合邮箱格式，例如 ***@foxmail.com，若不符合要求，则鼠标指针悬停时会有文字提示。

图 2-27

◎ 数字：只能输入数字，支持鼠标单击增减数字。

◎ 电话：在移动设备上查看原型时，在文本框获取焦点后会使用移动设备的数字键盘。

◎ URL：链接地址，需要输入传输协议前缀，如 http://、ftp:// 等，如不符合规范，鼠标指针悬停时会有文字提示。

◎ 搜索：文本框右侧增加了一键清除功能。

以上几种类型维持了文本框的展示形式不变，只是添加了数据格式校验，而下面几种类型则改变了文本框的展示形式，如图 2-28 所示。

> **提示**
>
> 当文本框类型为"文件"时，需要把文本框的线段宽度设置为 0。
> 不同的浏览器对 11 种文本框类型的支持程度是不一样的，在浏览器中的效果也不尽相同，推荐使用 Chrome 浏览器。

图 2-28

◎ 文件：可以模拟选择本地文件的操作过程。

◎ 日期：可以选择年份、月份和日期。

◎ 月份：可以选择年份和月份。

◎ 时间：可以选择时和分，支持手动输入（会自动判断合法性）和一键清除。

2. 文本框的其他属性

文本框的其他属性使用频率也很高，如图 2-29 所示。

提示文本：设置文本框内部显示的提示文字，在文本框中输入内容时，提示文字隐藏，也可设置为当文本框获取焦点时提示文字隐藏，如图 2-30 所示。

工具提示：设置鼠标指针悬停时的提示文字，如图 2-31 所示。很多元件都有此属性，后文不再赘述。

提交按钮：设置提交按钮后，可以用 Enter 键代替"单击提交按钮"的动作，例如，输入用户信息后，按 Enter 键代替"单击'登录'按钮"。

禁用和只读：在 Axure RP9 中，文本框被设置为禁用或只读后，都将不能被编辑，但被设置为禁用后，文本框填充颜色变为浅灰色。

图 2-29

图 2-30

图 2-31

3. 文本框的样式

在旧版本的 Axure RP 中，文本框能够设置的样式很有限。但在 Axure RP9 中可以设置文本框的填充、线段、圆角和阴影，可以更方便地自定义文本框样式，如图 2-32 所示。

4. 文本域

文本域，也叫多行文本框，它允许用户自主输入多行数据，但只能输入纯文本，不能输入其他类型的内容。当用户需要输入的内容较多且都是文本时，可以使用此元件，如图 2-33 所示。

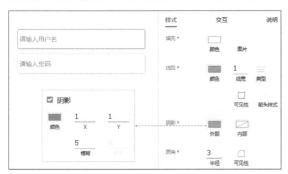

图 2-32

图 2-33

2.2.3 下拉列表

下拉列表允许用户从若干个选项中选择一个，但需要用户单击下拉箭头后，才能显示全部列表项，如图 2-34 所示。

图 2-34

1. 设置下拉列表选项

双击画布中的下拉列表元件，在打开的对话框中可以添加和组织列表选项，如图 2-35 所示。在已添加的选项中，可以勾选一项作为默认项，若未勾选则默认为第一项。

2. 下拉列表的样式

在旧版本 Axure RP 中，下拉列表能够设置的样式很有限。但在 Axure RP9 中，可以设置下拉列表的线段、圆角和阴影，可以更方便地自定义下拉列表样式，如图 2-36 所示。

图 2-35

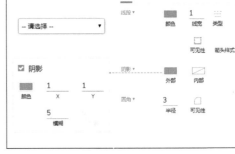

图 2-36

2.2.4 列表框

列表框会展示全部选项，当选项过多，超出列表框范围时，自动显示垂直滚动条。列表框可以单选、多选，同样支持丰富的样式选项，如图 2-37 所示。

图 2-37

1. 设置列表框选项

双击画布中的列表框元件，添加和组织列表选项的操作方法与下拉列表相同。勾选"允许选中多个选项"，在浏览器中查看原型时可同时选中多个选项，如图 2-38 所示。

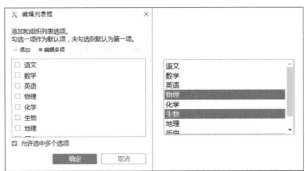

图 2-38

2. 列表框选项多选的方法

方法 1：按住 Ctrl 键逐个单击所需选项。

方法 2：按住 Shift 键单击所需选项的第一项和最后一项，它们之间（含首尾项）的选项均会被选中。

方法 3：按住鼠标左键并拖曳，鼠标指针经过的每个选项都会被选中。

2.2.5　复选框

用户可以从多个复选框中选择一项或多项，在浏览器中查看原型时，可以切换选中状态。

1. 复选框的应用

当复选框以组合形式出现时，一般用于相似内容的选择，例如选择标签、选择列表数据等，如图 2-39 所示。

图 2-40

图 2-39

当复选框独立出现时，一般用于表示某种状态或某种操作。在这种场景下，要使用肯定的文字表述，尽量不要使用否定语句，否则容易造成歧义，如图 2-40 所示。

2. 复选框的默认状态

向画布中拖入复选框后，默认是未选中状态，单击方框区域即可设置为选中状态，也可以在元件交互功能区中切换选中状态，如图 2-41 所示。

3. 复选框的样式

在旧版本 Axure RP 中，下拉列表能够设置的样式很有限，只能设置按钮的对齐方式。但在 Axure RP9 中，可以设置按钮（包括按钮尺寸和对齐方式）、填充、线段、阴影和圆角，如图 2-42 所示。

图 2-41　　　　　　　　　　　　　　　　　　图 2-42

2.2.6　单选按钮

用户可以从多个单选按钮中选择一项,在浏览器中查看原型时,无法取消选中状态。单选按钮同样可以设置按钮的对齐方式,且支持丰富的样式选项。

1. 单选按钮的应用

在实际应用中,一般会把第一个选项设置为默认选项,如图 2-43 所示。若允许用户不做任何选择,可以设置一个"空选项",并默认选中该项。

图 2-43

所谓"空选项",并不是选项中什么都没有,而是该选项不是常规的数据内容。例如,在选择婚姻状态时,用户可能不想告知自己的婚姻情况,但不小心选中了某一项,单选按钮又不支持取消选中,此时设置一个"保密"选项即可,如图 2-44 所示。

图 2-44

2. 单选按钮组

要实现单选效果,必须设置单选按钮组。在同一个单选按钮组内,同一时刻只能有一个选项被选中。例如,在一个页面中,存在"性别"和"学历"两个单选按钮组。在元件交互功能区中,可以直接输入单选按钮组名称或选择已有的单选按钮组名称,如图 2-45 所示。

图 2-45

2.2.7　工作技巧:选择合适的表单

除了文本框和文本域外,其他的表单都是选择类元件。使用选择类元件可以避免错误的手动输入,但下拉列表和单选按钮都可以实现单选效果,列表框和复选框都可以实现多选效果,该如何选择呢?在本节开头就提出了这个问题,这一小节将解答此疑问。

1. 单选按钮的使用场景

当选项数量为 2 ~ 5 个,并且用户对选项没有预期时,使用单选按钮排布所有选项,可以让用户快速预览所有选项。

当用户需要明确地比较每个选项时,使用单选按钮,用户可以轻松地进行对比。如果使用下拉列表,用户每次都必须展开菜单才能进行比较,体验较差,如图 2-46 所示。

单选按钮可以表示状态或属性,如启用和禁用、男和女等。

图 2-46

2. 下拉列表的使用场景

当选项数量超过 5 个时,选项数量过多,不适合全部并排显示,此时建议使用下拉列表。

当用户对选项有了一定预期时,例如,在学校教务管理系统中,用户对"年级"的备选项很明确,此时使用下拉列表更合适,如图 2-47 所示。

图 2-47

当需要同时选择多个字段时也适合使用下拉列表，例如"省－市－区"联动选择，如图 2-48 所示。

在后台管理系统中使用组合筛选功能时，一般也会使用下拉列表，这样用户可以直观、清晰地看到筛选条件，如图 2-49 所示。

图 2-48　　　　　　　　　　　　　　　　　　　　图 2-49

3. 复选框和列表框的使用场景

复选框能满足大部分需要多选的场景。

当用户选择多个选项时，要让用户快速看到所有选项，所以一般使用复选框排布所有选项。当选项数量较多时，还可以把复选框分类、分级，如图 2-50 所示。

列表框由于占用页面的空间较大，不方便排版，并且当它允许多选时，用户可能并不知道多选的操作方法，所以在产品中使用得相对较少。

> 提示
>
> 选择表单的原则并不是一成不变的，这里只介绍一些通行的用法，读者在实际工作中需要结合具体的业务场景进行表单设计。

图 2-50

2.3　菜单和表格

导航菜单是承载产品框架的重要元素，表格是组织大量数据的重要形式。Default 元件库中提供了树、水平菜单、垂直菜单、表格 4 种菜单和表格元件。

2.3.1　知识导入：模拟 Windows 资源管理器

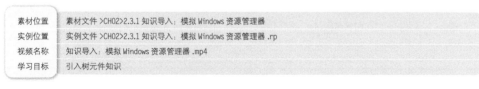

素材位置	素材文件 >CH02>2.3.1 知识导入：模拟 Windows 资源管理器
实例位置	实例文件 >CH02>2.3.1 知识导入：模拟 Windows 资源管理器 .rp
视频名称	知识导入：模拟 Windows 资源管理器 .mp4
学习目标	引入树元件知识

扫码看视频

计算机系统中文件、文件夹的数量和结构纷繁复杂，资源管理器通过一个树状结构的多级菜单，可以方便地管理数据资料。

Windows 系统资源管理器的树状菜单部分，如图 2-51 所示。

① 将树元件拖入画布，在节点的右键菜单中添加同级节点或子节点，如图 2-52 所示。

② 双击各个节点修改文字，如图 2-53 所示。

图 2-51

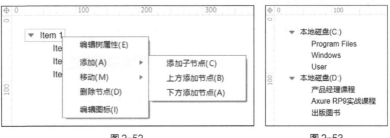

图 2-52   图 2-53

③ 选中第一个一级节点，在样式功能区中单击"编辑属性"按钮，勾选"显示图标"，如图 2-54 所示。

④ 选中第一个一级节点，在样式功能区中单击"编辑图标"按钮，导入"disk.png"图标，设置为适用于"当前节点和同级节点"，如图 2-55 所示。用同样的方法导入二级节点的"folder.png"图标。

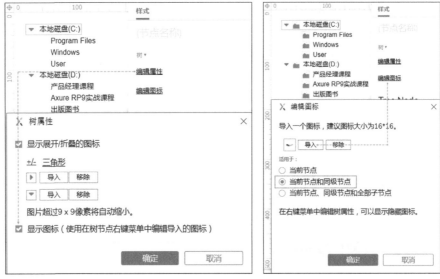

图 2-54   图 2-55

⑤ 选中任意一个节点，在样式功能区中单击"编辑属性"按钮，分别导入折叠和展开状态的箭头图标为"down.png"和"right.png"，如图 2-56 所示。

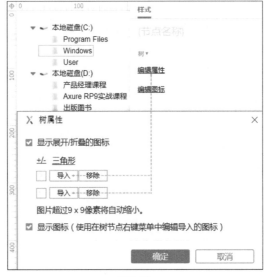

图 2-56

这样 Windows 系统资源管理器的树状菜单部分就制作完成了，按 F5 键在浏览器中查看原型，可以实现展开或折叠效果。

2.3.2　树

树元件可以逐级展开或收起，为每个节点添加跳转链接后，就形成了树状菜单。当产品比较复杂时，需要对各个页面或功能的入口做分级设计，利用树状菜单可以很好地实现这一目标。

树元件的主要应用方法在上一小节中已经介绍了，除此之外，还有一些内容需要掌握。

"树属性"包括是否显示展开 / 折叠的图标，默认有"+/-"或"三角形"两种形式，也可以导入外部图片，如图 2-57 所示。

编辑图标时，需要选择图标的适用范围。

◎ 当前节点：只有选中的节点会使用该图标。

◎ 当前节点和同级节点：选中的节点和同级节点会使用该图标。

◎ 当前节点、同级节点和全部子节点：选中的节点、同级节点和该节点的全部子节点会使用该图标。

以上所有选项都不会影响选中节点的上级节点。

图 2-57

2.3.3　水平菜单 / 垂直菜单

PC 端网页的导航菜单可能有多个级别，如图 2-58 所示，使用水平菜单和垂直菜单元件可以满足需求。

在右键菜单中，可以组织各个级别的菜单，如图 2-59 所示。

由于水平菜单和垂直菜单元件可自定义的内容较少，如果真实项目需要制作高保真原型，一般很少使用这两种元件。

> **提示**
>
> 在画布中单击某个菜单项后，该菜单项如果有子菜单会显示出来。
>
> 在浏览器中查看原型时，鼠标指针移入某个菜单项便会显示对应的子菜单。

图 2-58　　　　　　　　　　　　　　　　图 2-59

2.3.4　表格

表格由多个单元格组成，用于数据列表展示。

在表格元件的右键菜单中可以组织表格结构，如图 2-60 所示。

> **提示**
>
> 表格元件没有动态操作数据列表的能力，如果要实现对数据的增、删、改、排序、筛选和分页等操作，需要用到中继器元件，在后续的章节会做详细的介绍。

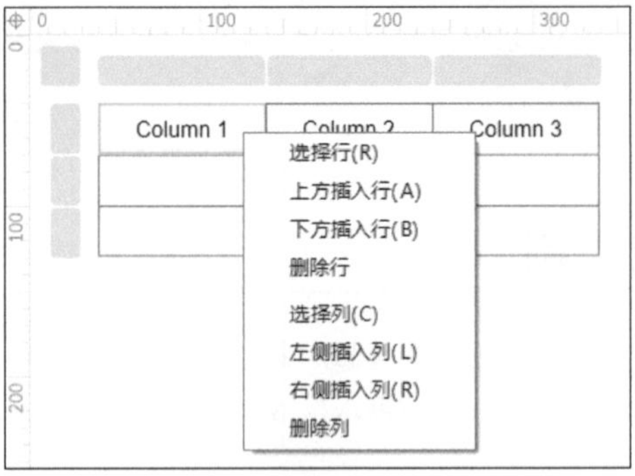

图 2-60

把鼠标指针放到某个单元格上，鼠标指针会变成✥，拖曳可以选中多个单元格，如图 2-61 所示。

在表格左侧或上方的色块上拖曳可选中多行或多列，在右键菜单中可一次性添加多行或多列，如图 2-62 所示。

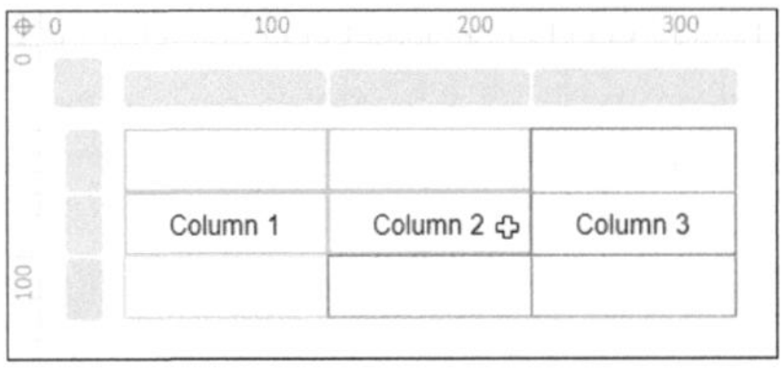

图 2-61

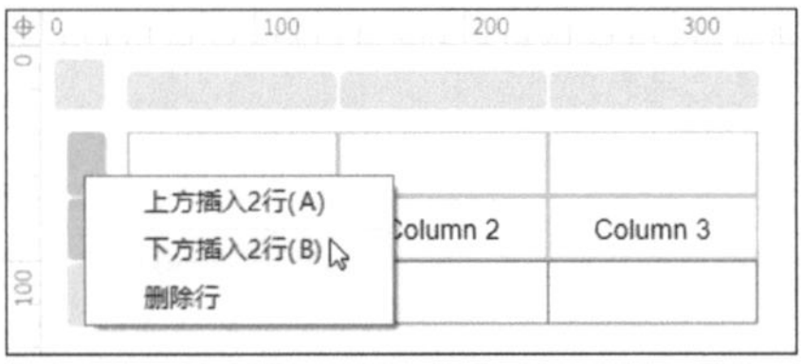

图 2-62

2.3.5 工作技巧：巧用表格进行布局

传统形态的表格，一般用来制作数据列表，对其稍加改造后，就变成了元件排版布局的工具。图 2-63 所示模拟的是商城后台订单详情页的基础信息部分，可以使用表格元件来制作。

图 2-63

1 把表格元件设置成 10 行 ×2 列，第一列宽度为 100 像素，第二列宽度为 180 像素，每个单元格的字号均为 14，并编辑每个单元格的内容，如图 2-64 所示。

2 加粗第一列的字体、文本右侧对齐，设置第二列文本左侧对齐，如图 2-65 所示。

3 设置表格的线段宽度为 0，如图 2-66 所示。

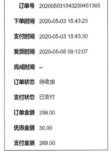

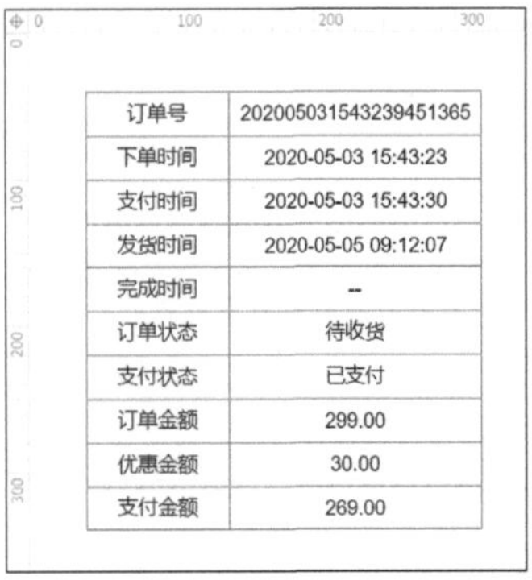

图 2-64

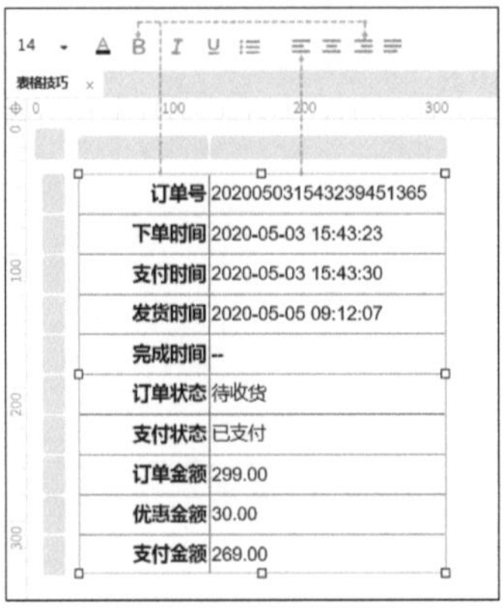

图 2-65

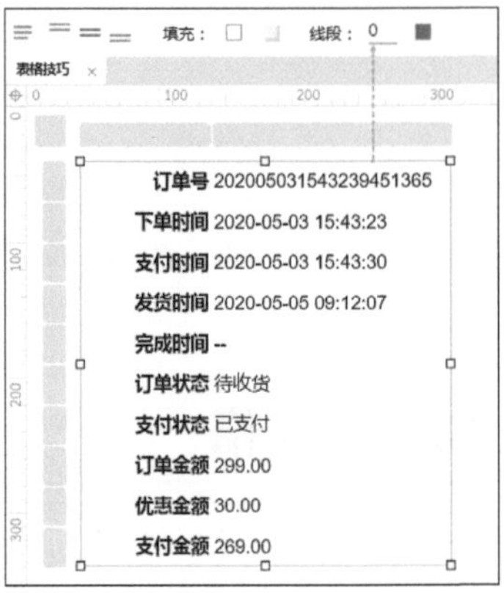

图 2-66

④ 进行细节调整，现在两列文字之间的距离近、行高较小，看起来不够精致。把第一列所有单元格的右侧内边距设置为 10 像素，设置每个单元格的高度为 40 像素，如图 2-67 所示。

订单详情页的基础信息部分就制作完成了。如果使用文本标签元件制作这部分内容，必须分别调整每组文本的位置和间距，稍不注意就会影响整体页面的美观。巧妙地运用表格元件，可以非常方便地制作"M 行 ×N 列"形式的数据展示区域。

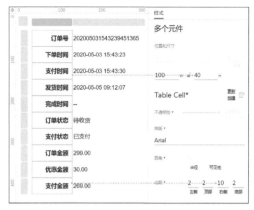

图 2-67

2.4　元件的交互样式

当用户通过某种形式与元件发生交互后，元件的样式可能会发生变化，以提醒用户当前所触发的内容，这就是元件的交互样式。

2.4.1　知识导入：导航菜单鼠标指针悬停时效果

素材位置	无
实例位置	实例文件 >CH02>2.4.1 知识导入：导航菜单鼠标指针悬停时效果 .rp
视频名称	知识导入：导航菜单鼠标指针悬停时效果 .mp4
学习目标	引入设置元件交互样式的知识

扫码看视频

在真实产品中，页面上各个元素的样式并不是固定不变的。例如，当鼠标指针悬停在某个文字上时，文字样式会发生变化。本小节通过一个案例，带领读者初步感受元件的交互样式。

以后台管理系统中常见的左侧导航菜单为例，设置 3 个菜单项，当鼠标指针悬停在某菜单项上时，会改变该菜单项的填充颜色，如图 2-68 所示。

① 拖曳 3 个矩形 2 元件到画布中，设置每个矩形的尺寸均为 200 像素 ×45 像素，填充颜色为灰色（#545C64），文本字号为 14，左侧对齐，左侧内边距为 50 像素，双击修改文字内容，如图 2-69 所示。

图 2-68

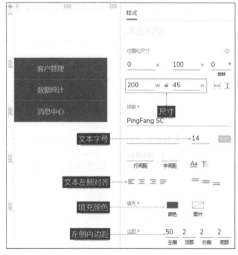

图 2-69

43

② 切换至 Icon 元件库，依次拖曳 3 个图标到画布中，分别放在每个矩形中文字的左侧。设置每个图标的尺寸均为 20 像素 ×20 像素，填充颜色为浅灰色（#C2C2C2），如图 2-70 所示。

③ 同时选中 3 个矩形，单击元件交互功能区中的"新建交互"按钮，选择"：鼠标悬停"，然后勾选"填充颜色"并设置为深灰色（#333333），单击"确定"按钮，如图 2-71 所示。

提示

在不同版本的 Axure RP 软件中，Icon 元件库中的图标命名和图标分类可能有所不同，读者可以灵活使用。

图 2-70

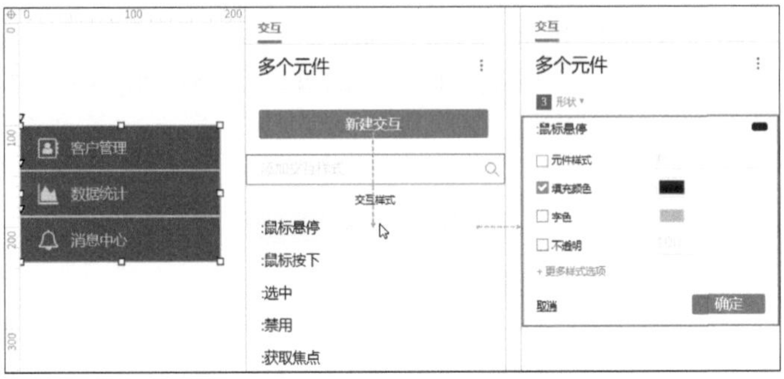

图 2-71

这样，菜单栏鼠标指针悬停时的效果就制作完成了，按 F5 键在浏览器中查看原型。此时原型是居中显示的，而菜单栏一般在页面左侧，可以选择菜单栏中的"项目 > 页面样式管理器"命令，把页面样式设置为"左侧对齐"，如图 2-72 所示。

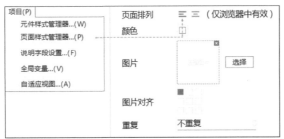

图 2-72

提示

可以把原型中的每个页面都设置为左侧对齐，也可以在页面的样式功能区中单独设置此页面的页面排列方式，如图 2-73 所示。

图 2-73

2.4.2　动态设置元件样式

之前在工具栏或样式功能区中设置的是元件的默认样式，而与元件发生交互后可以动态设置元件的样式。在元件交互功能区中单击"新建交互"按钮，可以设置该元件的交互样式，如图 2-74 所示。

与元件发生以下 6 种交互时可以设置交互样式。

◎ 鼠标悬停：鼠标指针悬停在元件上时的样式。

◎ 鼠标按下：鼠标指针进入元件范围并按下鼠标按键时的样式。

◎ 选中：元件被设置为选中时的样式。

◎ 禁用：元件被设置为禁用时的样式。

◎ 获取焦点：元件获取焦点时的样式。

◎ 提示：设置文本框或文本域提示文本的样式。

图 2-74

　　需要说明的是，并不是每种元件都有以上 6 种交互样式。例如，只有文本框和文本域元件才可以设置提示文本的样式，但以上两种元件没有选中时的交互样式。一些在真实软件界面中不存在、不显示的元件，是没有交互样式的。

　　交互样式设置完成后，会显示在元件交互功能区中，并可以在此处修改已设置的交互样式，如图 2-75 所示。

> **提示**
>
> 设置元件的交互样式，是为了能够展示不同的视觉效果，所以只有软件界面中真实存在的内容才有设置交互样式的意义，而 Axure RP9 中的某些元件是用来辅助制作交互效果的（如热区、动态面板等），它们在真实软件界面中不存在，在生成的原型页面中也不会显示出来，所以这些元件是没有交互样式的。

图 2-75

2.4.3　巩固练习：文本框获取焦点时突出显示

素材位置	无
实例位置	实例文件 >CH02>2.4.3 巩固练习：文本框获取焦点时突出显示 .rp
视频名称	巩固练习：文本框获取焦点时突出显示 .mp4
学习目标	制作文本框获取焦点时突出显示的效果，巩固元件的交互样式相关知识

扫码看视频

　　在填写表单时，一般把获取焦点的文本框突出显示。在旧版本 Axure RP 中，因为文本框可以设置的样式选项很有限，所以制作这类效果时相对比较麻烦，而在 Axure RP9 中实现这类效果非常简单。

　　下面以登录表单为例，其文本框默认样式和获取焦点样式如图 2-76 所示。

图 2-76

　　① 拖曳两个文本框到画布中，设置尺寸均为 300 像素 ×40 像素，圆角半径为 5 像素，线段颜色为灰色（#D7D7D7），并编辑提示文本（可任意编辑）。拖曳主要按钮元件到文本框下方，设置填充颜色为紫色（#8400FF），修改文字为"登录"，如图 2-77 所示。

　　② 同时选中两个文本框，单击元件交互功能区中的"新建交互"按钮，选择"：获取焦点"，单击"更多样式选项"按钮，如图 2-78 所示，打开"交互样式"对话框。

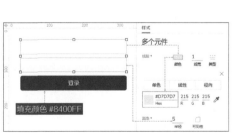

图 2-77

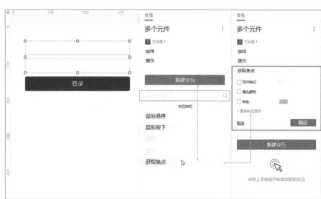

图 2-78

③ 勾选"线段颜色"并设置颜色为紫色（#8400FF），勾选"外部阴影"并设置颜色为紫色（#8400FF），设置"不透明度"为35%，"X"方向值为0，"Y"方向值为0，"模糊"为5，如图2-79所示。

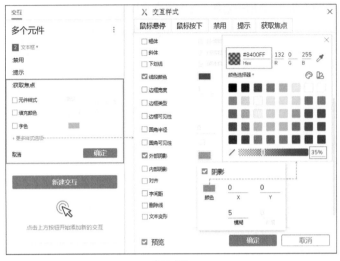

图 2-79

文本框获取焦点时的交互样式就制作完成了，按F5键在浏览器中查看原型。单击两个文本框切换焦点，获取焦点的文本框会突出显示。

2.4.4　工作技巧：巧用元件的预设样式库

元件可以设置的样式项目有很多，如果每个元件都单独设置它们的颜色、字体、尺寸和圆角等样式，操作起来会很麻烦。Axure RP9 提供了预设样式库，把多种样式项目组合在一起，以实现快速应用。

下面以批量修改原型中主要按钮元件的样式为例，如图2-80所示。

选择菜单栏中的"项目 > 元件样式管理器"命令，打开"元件样式管理"对话框，可以看到已提供的元件预设样式库。选择对话框左栏列表框中的"主要按钮"，修改填充颜色为绿色（#009688），如图2-81所示。

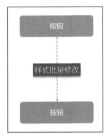

图 2-80

图 2-81

此时，原型中所有主要按钮元件的填充颜色都发生了变化。如果自带的样式预设不满足实际需求，可以在"元件样式管理"对话框中添加新的预设样式，并在样式功能区中应用，可以一键设置多种样式项目，方便快捷，如图 2-82 所示。

图 2-82

除元件的默认样式外，交互样式也可以快速设置，下面以"鼠标悬停"交互样式为例。

1 在"元件样式管理"对话框中，选中左栏列表框中的"主要按钮"，单击"复制"按钮，修改预设名称为"主要按钮悬停时"，修改填充颜色的不透明度为 80%，如图 2-83 所示。

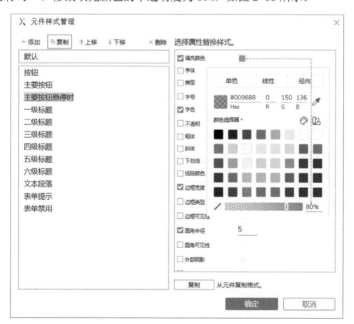

图 2-83

2 选中画布中的按钮，单击元件交互功能区中的"新建交互"按钮，选择"鼠标悬停"，勾选"元件样式"并选择"主要按钮悬停时"，如图 2-84 所示。

这样就在"鼠标悬停"交互样式中快速应用了预设样式，按 F5 键在浏览器中查看原型。

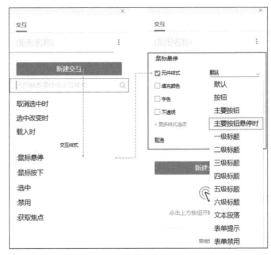

图 2-84

2.5 内联框架

内联框架可以嵌套原型项目中的其他页面、外部链接、视频和图片，与 Web 开发中的 iframe 框架有异曲同工之妙。

2.5.1 知识导入：高效搭建后台框架

素材位置	无
实例位置	实例文件 >CH02>2.5.1 知识导入：高效搭建后台框架 .rp
视频名称	巩固练习：高效搭建后台框架 .mp4
学习目标	引入内联框架的知识

扫码看视频

后台管理系统的页面一般是左右结构，左侧为导航菜单，菜单项数量比较多，有展开和折叠效果。如果每个页面都要关注导航菜单的内容和交互，工作量会比较大，并且也不便于原型的后期维护。本小节使用内联框架高效搭建后台管理系统的页面框架，带领读者初步感受内联框架元件的应用。

单击左侧导航菜单后，只在右侧局部切换对应的内容，其中左侧导航菜单可以使用 2.4.1 小节中制作好的内容，如图 2-85 所示。

图 2-85

将左侧导航菜单只放在一个主页面中，每个菜单项对应的数据区域分别在不同的页面制作。这些页面中不需要再放置导航菜单，然后在主页面中使用内联框架嵌套其他显示数据区域的页面，通过交互动作切换内联框架链接的页面，实现局部切换。

1️⃣ 在页面功能区中添加 3 个新页面，共形成 4 个页面并重命名，如图 2-86 所示。其中"框架"页面作为主页面，其他 3 个页面用来制作每个菜单项对应的内容。

图 2-86

2️⃣ 在"框架"页面中，画布左侧放置 2.4.1 小节中制作好的导航菜单，并使用图形元件按照自己的喜好制作顶部标题区域，如图 2-87 所示。

图 2-87

3️⃣ 拖曳内联框架元件至导航菜单的右侧，将内联框架命名为 content，并隐藏边框。内联框架的尺寸可灵活设置，此处为了方便示意，把尺寸设置为 650 像素 ×400 像素，如图 2-88 所示。

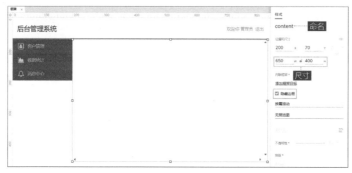

图 2-88

4️⃣ 分别进入"客户管理""数据统计""消息中心"3 个页面，自行添加一些内容以示区分。

5️⃣ 在"框架"页面中，选中"客户管理"矩形，单击元件交互功能区中的"新建交互"按钮，选择"单击时"，添加"框架中打开链接"动作，设置目标为 content，链接到为"客户管理"，如图 2-89 所示。

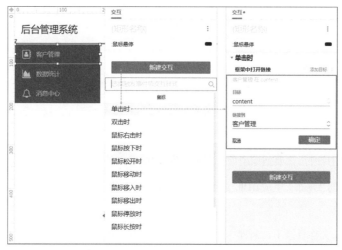

图 2-89

⑥ 用同样的方法为剩余两个菜单项添加链接。

后台管理系统的基本框架就制作完成了，按F5键在浏览器中查看原型。目前只有在单击左侧菜单后，内联框架区域才会显示并切换内容，如何在刚打开页面时就让内联框架显示内容，下一个小节将通过介绍内联框架的基础知识实现这一目标。

> 提示
>
> 从这一节开始，将逐渐引入"由事件引发的交互效果"。本书所挑选的都是在低保真原型里需要制作的常见交互效果，如果要制作更加逼真的交互效果，还需要详细了解交互的知识，这部分内容在第3章中将进行系统的介绍。

2.5.2 内联框架简介

内联框架元件可以在页面中嵌入当前项目中的其他页面或外部链接，也可以嵌入视频和图片文件。

1. 嵌入当前项目的页面

双击画布中的内联框架元件，打开"链接属性"对话框。链接目标已默认选择"链接一个当前原型中的页面"，选择要嵌入的页面名称即可，如图2-90所示。在2.5.1小节的案例中，使用此方法即可在刚打开页面时就让内联框架显示内容。

> 提示
>
> 嵌入的内容需要在浏览器中查看效果。

2. 嵌入外部链接

在内联框架的"链接属性"对话框中选择"链接一个外部的URL或文件"，在下方的文本框中输入URL链接即可，如图2-91所示。

图2-90　　　　　　　　图2-91

3. 嵌入本地视频 / 图片

嵌入本地视频 / 图片时，需要把原型项目在本地生成HTML文件。

① 选择菜单栏中的"发布 > 生成HTML文件"命令，选择保存的位置，单击"发布到本地"按钮，如图2-92所示。

② 在生成的HTML文件目录下，新建一个文件夹并命名为video，把要嵌入的视频或图片放到video文件夹中，如图2-93所示。

图 2-92

图 2-93

③ 在内联框架的"链接属性"对话框中选择"链接一个外部的 URL 或文件"，在下方的文本框中输入视频或图片的相对路径，单击"确定"按钮，如图 2-94 所示。

④ 选择菜单栏中的"发布 > 重新生成当前页面的 HTML 文件"命令，如图 2-95 所示。

⑤ 在生成的 HTML 文件目录下打开含有内联框架元件的页面，即可播放视频、查看图片，如图 2-96 所示。

图 2-94

图 2-95

图 2-96

4. 内联框架的样式

内联框架元件可以设置的样式如图 2-97 所示。

隐藏边框：勾选后将不显示内联框架的边框。

图 2-97

滚动条：内联框架内可设置滚动条的显示方式为按需滚动、始终滚动、从不滚动。

预览图：内联框架内可以设置的预览图方式为无预览图、视频、地图、自定义预览图。预览图仅仅起到提示作用，只会在画布中显示，在浏览器中是没有效果的，如图 2-98 所示。

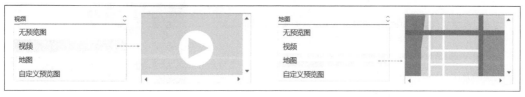
图 2-98

2.6 动态面板

动态面板元件不是页面的直接组成部分，但很多交互效果都需要使用动态面板元件来实现，它的诸多特性可以让静态的界面原型动起来。

2.6.1 知识导入：轮播图

素材位置	素材文件 >CH02>2.6.1 知识导入：轮播图
实例位置	实例文件 >CH02>2.6.1 知识导入：轮播图 .rp
视频名称	知识导入：轮播图 .mp4
学习目标	引入动态面板的知识

扫码看视频

在之前的几个小节中，学习了界面原型的样式排版、元件选择、页面跳转的方法和技巧，内容比较基础，这个小节介绍一种高级玩法——让页面动起来，制作一个轮播图广告位。

轮播图一般位于首页的黄金位置，其流量很高，可以提高广告商品、运营活动、优质内容的曝光度，在各种 App 和网站中都是一种常见的功能组件。

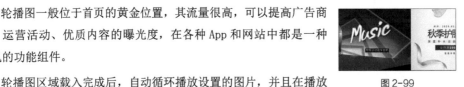

（动画 7）

轮播图区域载入完成后，自动循环播放设置的图片，并且在播放时包含左滑动画，如图 2-99 所示（动画 7）。

图 2-99

案例效果

1️⃣ 向画布中拖入一个图片元件，双击导入素材文件夹中的"banner1.png"文件，自行调整图片的尺寸和位置。在图片上执行右键菜单命令"转换为动态面板"，并将动态面板命名为 banner，如图 2-100 所示。

图 2-100

2️⃣ 双击 banner 动态面板，在画布上方的状态下拉列表中单击 State1 右侧的"重复状态"按钮，复制 State1，此时有 State1 和 State2 两个状态。用同样的方法复制 State2，最终形成 State1、State2 和 State3 这 3 个状态，如图 2-101 所示。

> **提示**
>
> 步骤 2 中需要先复制 State1，再复制 State2。如果直接单击两次 State1 右侧的"重复状态"按钮，相当于复制了两次 State1，并且每次复制的状态都会直接显示在 State1 后面，最终形成的状态顺序为 State1、State3 和 State2，顺序被打乱了，不方便操作。

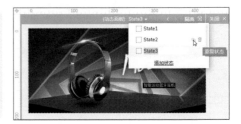

图 2-101

③ 此时 3 个状态中的图片都是相同的。在画布上方的状态下拉列表中分别单击 State2 和 State3，进入另外两个状态的编辑区域，分别替换图片为素材文件夹中的"banner2.png"和"banner3.png"文件。

④ 单击画布右上角的"关闭"按钮，退出动态面板，如图 2-102 所示。

图 2-102

⑤ 当轮播图区域载入完成后，开始循环播放，所以交互动作是在 banner 动态面板"载入时"触发的。选中 banner 动态面板，单击交互功能区中的"新建交互"按钮，选择"载入时"。添加"设置面板状态"动作，设置"目标"为"当前"，"STATE"（面板状态）为"下一项"，勾选"向后循环"，"进入动画"和"退出动画"均为"向左滑动"，时长为 500 毫秒。在"更多选项"中，设置循环间隔为 3000 毫秒，勾选"首个状态延时 3000 毫秒后切换"，如图 2-103 所示。

> **提示**
>
> 当把"STATE"（面板状态）设置为"下一项"时，"向后循环"的含义是当状态切换到最后一项时，能够再次切换到第一项。当把"STATE"（面板状态）设置为"上一项"时，会出现"向前循环"选项，含义是当状态切换到第一项时，能够再次切换到最后一项。

图 2-103

这样，基础的自动轮播图效果就制作完成了，按 F5 键在浏览器中查看原型。高级的轮播图效果应该还可以手动切换图片，并且包含状态指示器，告知用户一共有几张图片，当前展示的是第几张图片。随着学习的深入，在后续综合案例中会继续完善轮播图的交互内容。

做完这个交互效果，是否对动态面板的特性有一个初步的感受了呢？下一小节将进行详细的介绍。

2.6.2　动态面板的特性

之前学习的图形、图片、表单和表格等元件，在真正的软件页面中是真实存在的，而动态面板元件虽然不是页面的直接组成部分，但很多交互效果的实现都离不开它。毫不夸张地说，动态面板元件是制作交互的一款"神器"。

动态面板在画布中是一个半透明的淡蓝色遮罩层，如图 2-104 所示。如果内部没有放入任何元件，在浏览器中预览效果时，它是完全透明的。

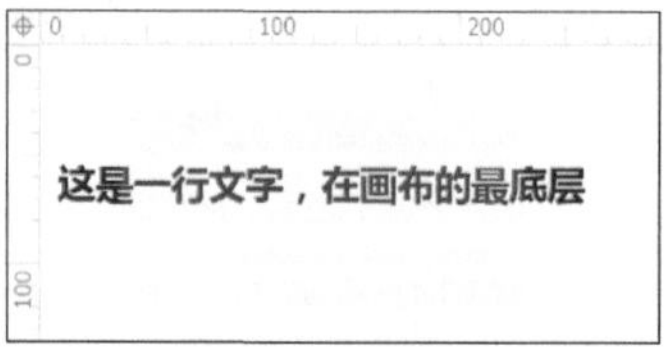

图 2-104

1. 动态面板的状态

动态面板最主要的特性就是它有多个状态，每个状态都可以放入其他元件，甚至可以继续嵌套动态面板，不同状态之间可以利用交互动作进行切换，上一小节的轮播图效果就是应用了这一特性。如果对这一特性还是不太理解，可以把动态面板比作一本书，书中的每一页内容就是动态面板的不同状态。

1️⃣ 把书放在桌子上，只能看到书的封面；对应地，把动态面板放在画布上，只能看到动态面板的第一个状态。

2️⃣ 用手翻页时，就能看到书中其他页的内容了；对应地，通过其他元件或动态面板本身制作一些交互动作时，就能看到动态面板的其他状态了。

经过这样一种类比，大家是不是对动态面板的理解更加深刻了呢？今后在制作交互效果时，如果需要在页面的某个局部区域显示不同内容，首先要想到使用动态面板，把这些不同的内容放到动态面板的不同状态中。

2. 动态面板的使用

直接把动态面板从元件库拖曳到画布上，此时动态面板默认有一个状态，但该状态里没有任何元件。双击动态面板，在画布上方会出现状态下拉列表，可以添加状态、重复状态、删除状态；拖曳状态名称，可以改变顺序；单击状态名称，可以切换到对应状态下编辑内容。画布上的虚线矩形是动态面板的边界。单击画布右上角的"关闭"按钮，可以退出动态面板的编辑状态，如图 2-105 所示。

图 2-105

在编辑动态面板时，默认可以看到动态面板外部的内容，方便排版，单击画布右上角的"隔离"按钮🔲，可以隐藏外部内容，如图 2-106 所示。

图 2-106

通过上述方法创建的动态面板，尺寸默认为 300 像素 ×170 像素。在样式功能区中，"自适应内容"将不被勾选，即动态面板的尺寸不会随着各个状态尺寸的变化而变化。假如在动态面板的 State1 中放入的元件超出了虚线边界，在退出动态面板后，超出边界的内容将不会显示，如图 2-107 所示。

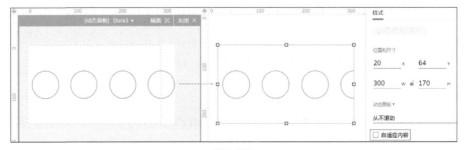

图 2-107

那么超出边界的内容如何显示出来呢？在样式功能区中，可以按照需求设置是否显示滚动条，有"从不滚动""按需滚动""垂直滚动""水平滚动"4 种选项。超出边界的内容，可以通过拖曳滚动条显示，如图 2-108 所示。

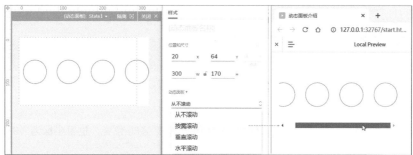

图 2-108

勾选样式功能区中的"自适应内容"，则动态面板的尺寸会与各个状态中内容的尺寸保持一致。如果把其他元件通过右键菜单转换为动态面板元件，则默认会勾选"自适应内容"。

3. 动态面板的样式

除了动态面板的滚动条和"自适应内容"这两个样式选项外，还有"100% 宽度（仅浏览器中有效）"和"固定到浏览器"，如图 2-109 所示。

100% 宽度（仅浏览器中有效）：勾选后，动态面板会在水平方向填满整个浏览器，和浏览器的宽度保持一致，此效果仅限在浏览器中有效。因为动态面板中各个状态的背景默认是透明的，需要给动态面板的某个状态设置背景颜色，才能有明显的效果。

图 2-109

固定到浏览器：把动态面板固定到浏览器后，动态面板将不随页面的滚动而移动，会出现悬停效果。单击"固定到浏览器"，即可在"固定到浏览器"对话框中设置固定的位置和是否始终保持在顶层，如图 2-110 所示。

图 2-110

2.6.3　巩固练习：自适应的网页头部

素材位置	无
实例位置	实例文件 >2.6.3 巩固练习：自适应的网页头部 .rp
视频名称	巩固练习：自适应的网页头部 .mp4
学习目标	制作 PC 端自适应宽度的网页头部，巩固动态面板的样式应用

扫码看视频

PC 端网页头部一般是网站导航菜单，所以要固定在浏览器顶部，让用户随时都可以单击导航菜单前往网站的其他页面。大部分网站的宽度为 960 ～ 1200 像素，为了美观，头部背景一般会自适应浏览器。

模拟一个 PC 端网页的头部，头部的有效区域居中显示，整体宽度自适应浏览器，如图 2-111 所示。

图 2-111

① 向画布中拖入一个动态面板元件，尺寸设置为 1000 像素 ×60 像素，位置坐标为（0,0），双击进入动态面板的编辑区域。

② 使用占位符、文本标签元件排版头部内容，注意不要超出动态面板的范围，如图 2-112 所示。

图 2-112

③ 在样式功能区中设置动态面板 State1 的背景颜色为浅灰色（#F2F2F2），勾选"100% 宽度（仅浏览器中有效）"，如图 2-113 所示。

④ 在样式功能区中单击"固定到浏览器"，打开"固定到浏览器"对话框。勾选"固定到浏览器窗口"，"水平固定"选择"居中"，"垂直固定"选择"顶部"，勾选"始终保持顶层（仅浏览器中有效）"，如图 2-114 所示。

提示

在步骤 2 中，只需要制作网页头部的 logo、菜单文字和注册登录按钮即可，不要使用任何元件（如矩形）制作头部的背景，否则步骤 3 的效果会受到影响。

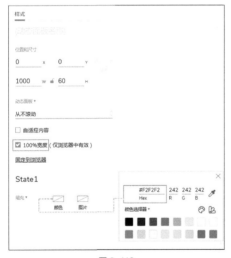

图 2-113

图 2-114

自动适应宽度的网页头部就制作完成了，按 F5 键在浏览器中查看原型。调整浏览器的尺寸，会发现网页头部的背景颜色在水平方向始终是填满浏览器的，并且网页头部的有效区域始终居中显示。如果增加一些页面内容，使页面可以垂直滚动时，网页头部会固定在浏览器顶部，不随页面的滚动而移动。

2.6.4　巩固练习：制作开关组件

素材位置	素材文件 >2.6.4 巩固练习：制作开关组件
实例位置	实例文件 >2.6.4 巩固练习：制作开关组件 .rp
视频名称	巩固练习：制作开关组件 .mp4
学习目标	制作开关组件，巩固动态面板的状态切换特性

扫码看视频
（动画 8）

案例效果

开关组件在 App 中应用得比较广泛，它有两种互斥的状态，表示打开或关闭某项功能。

开关组件默认为"打开"状态，单击可打开或关闭开关，如图 2-115 所示（动画 8）。

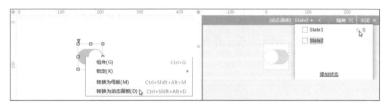

图 2-115

1️⃣ 拖曳图片元件到画布中，双击导入素材文件夹中的"switch-on.png"文件，在图片上执行右键菜单命令"转换为动态面板"。复制动态面板的 State1，把 State2 中的图片替换为"switch-off.png"文件，如图 2-116 所示。

图 2-116

2️⃣ 单击画布右上角的"关闭"按钮，退出动态面板的编辑状态。

3️⃣ 切换开关状态是在单击动态面板时触发的。选中动态面板，单击交互功能区中的"新建交互"按钮，选择"单击时"。添加"设置面板状态"动作，设置"目标"为"当前"。设置"STATE"（面板状态）为"下一项"，勾选"向后循环"，如图 2-117 所示。

图 2-117

开关组件就制作完成了，按 F5 键在浏览器中查看原型。单击开关组件，可以切换打开或关闭状态。

2.6.5　工作技巧：把动态面板作为容器使用

除了"多内容切换""固定到浏览器""100% 宽度"这些必须利用动态面板特性来制作的效果外，也可以把多个元件形成的整体组件放到动态面板中，把动态面板作为容器使用。例如，弹框组件是由若干个元件制作而成的，可以把这些元件放到动态面板中，这样弹框就形成了一个整体，方便整体显示或隐藏。

其实使用工具栏中的"组合"工具也可以实现对多个元件的整体操作，但就弹框例子来说，使用"组合"工具会有一些不便之处，弹框会显示在其他元件的顶层，那么在画布上也必须覆盖到页面主体部分上，给排版页面内容造成不便，如图 2-118 所示。

图 2-118

把弹框内容放到动态面板中，就可以设置弹框在水平和垂直方向都固定在浏览器中部。这样在浏览器中弹框一定会居中显示，而在画布中，则无须关注弹框的位置，可以将其直接放到空白处，不干扰操作画布上的其他元件即可，如图 2-119 所示。

图 2-119

2.7 原型的生成和分享

绘制低保真原型的知识已经介绍完毕，现在读者可以绘制静态线框图，也可以为原型图增加一些基础的交互动作。本节将介绍如何把 Axure RP9 中的原型项目生成所有人都可以查看的原型页面，并分享给其他人。

2.7.1 知识导入：原型预览工具

包含动态交互的界面原型需要在浏览器中查看效果，单击工具栏中的"预览"按钮（或按 F5 键），将使用默认浏览器预览原型，浏览器中的预览工具如图 2-120 所示。

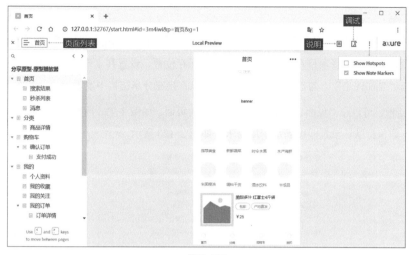

图 2-120

页面列表： 当前原型项目中的页面列表。

说明： 当前页面或页面内元件的说明。

调试： 调试当前项目变量值或交互执行过程。

Show Hotspots： 是否突出显示当前页面添加了交互的元件，默认不勾选。

Show Note Markers： 是否突出显示当前页面填写了说明的元件，默认已勾选。

> **提示** ▼
>
> 建议把默认浏览器设置为 Chrome 浏览器，因为其兼容性较好。

2.7.2　使用 Axure 云生成分享链接

Axure 云（Axure Cloud）是 Axure RP9 提供的原型管理云平台，可以把原型发布到 Axure 云并生成分享链接，也可以直接在线访问，链接可以设置密码，方便浏览的同时也兼顾了保密性。Axure 云还提供了讨论区，可以直接在分享链接中发表自己的意见建议。当原型项目需要多人协作时，还可以利用 Axure 云创建团队项目。

1. 注册 Axure 云账号

要使用 Axure 云，先要注册账号。

单击工具栏最右侧的"登录"按钮，打开对话框，单击右下角的"注册"按钮（Sign up），即可使用电子邮箱作为用户名进行账号注册，如图 2-121 所示。

注册成功后，会自动登录刚刚注册的账号。

图 2-121

2. 发布原型

1 选择菜单栏中的"发布 > 发布到 Axure 云"命令，或单击工具栏中的"共享"按钮，打开"发布项目"对话框，输入项目名称、选择项目在 Axure 云服务器的保存位置、设置共享链接的密码（选填），可根据需要选择是否勾选"允许评论"，勾选后原型浏览者将可以直接在分享链接中发表评论，如图 2-122 所示。

2 展开对话框，可以在"页面"标签中选择要发布的页面，如图 2-123 所示。"说明""交互""字体"标签中的参数一般保持默认设置即可满足使用需求，如图 2-123 所示。

图 2-122 图 2-123

3 单击"发布"按钮，在 Axure RP9 工作区下方会显示发布进度，发布成功后，将显示共享链接，如图 2-124 所示。

4 把原型的共享链接发送给项目参与各方，在 PC 端或移动端的浏览器中打开链接即可在线查看原型。

图 2-124

3. 更新原型

当原型发生变更后，可以直接更新 Axure 云中的原项目。选择菜单栏中的"发布 > 发布到 Axure 云"命令，或单击工具栏中的"共享"按钮，打开"发布项目"对话框。此时对话框中会显示上次发布的项目的路径和分享链接，单击"更新"按钮，即可提交变更，原来的分享链接不变，如图 2-125 所示。

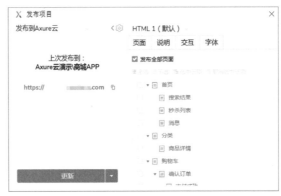

图 2-125

4. 管理原型

在浏览器中使用百度搜索引擎搜索 Axure Cloud 关键词，打开 Axure Cloud 官方网站并登录账号，可以查看当前账号中的所有工作区，每个工作区可以包括一个或多个原型项目，如图 2-126 所示。

图 2-126

单击某个项目名称，打开项目详情页，页面左侧为该项目所有页面的缩略图，右侧为项目名称、更新时间、共享链接和项目源文件等基本信息，如图 2-127 所示。

图 2-127

单击某张缩略图，可以对该页面进行 PREVIEW（预览）和 INSPECT（检查）。在"PREVIEW"选项卡中，可以查看该页面的详细内容、说明和评论；在"INSPECT"选项卡中，单击页面中的某个元素可以查看该元素的详细样式参数，如图 2-128 所示。

图 2-128

5. 发表评论

在 Axure 云的共享链接中，单击右上角的"评论"按钮🗨，单击"Add Comment"按钮，单击原型页面中的任意位置，即可发表评论，拖曳编号可以改变其位置，单击"Close"按钮可以退出评论区，如图 2-129 所示。

图 2-129

在 Axure 云的项目详情页中单击"DISCUSSIONS"选项卡，可以查看该项目的所有评论、回复评论、设置是否打开评论功能，如图 2-130 所示。

图 2-130

2.7.3　生成本地 HTML 文件

把原型项目文件以 HTML 网页的形式保存在本地，可以在没有网络的情况下查看原型。

选择菜单栏中的"发布＞生成 HTML 文件"命令，打开"发布项目"对话框。选择保存的位置，单击"发布到本地"按钮，也可以进行页面、说明、交互和字体的设置，如图 2-131 所示。

生成本地 HTML 文件后，如果再次修改了某个页面，可以选择菜单栏中的"发布＞重新生成当前页面的 HTML 文件"命令，如图 2-132 所示。

图 2-131

图 2-132

2.8　技能提升

本章准备了 3 个技能提升案例练习，读者可以做一做，巩固本章知识的同时，也可以提升实战技能。

2.8.1　技能提升：循环滚动消息

素材位置	无
实例位置	实例文件＞CH02＞2.8.1 技能提升：循环滚动消息 .rp
视频名称	技能提升：循环滚动消息 .mp4
学习目标	制作广告消息的垂直滚动效果

扫码看视频
（动画 9）

要求页面打开后，消息栏的内容垂直滚动切换，如图 2-133 所示（动画 9）。

① 消息栏背景颜色为淡黄色（#FEFCEC），文字颜色为橘黄色（#FF6600），左侧标签线段颜色为灰色（#999999）。

② 消息每隔两秒钟切换一次，循环展示。

案例效果

图 2-133

2.8.2 技能提升：制作标签多选效果

素材位置	无
实例位置	实例文件 >CH02>2.8.2 技能提升：制作标签多选效果 .rp
视频名称	技能提升：制作标签多选效果 .mp4
学习目标	制作标签的多选效果

要求单击某个标签后，该标签被选中，支持多选，再次单击后取消选中，如图2-134所示（动画 10）。

1️⃣ 标签默认样式：填充颜色为灰色（#F2F2F2），圆角半径为2，尺寸为100 像素 ×40 像素。

2️⃣ 标签选中样式：填充颜色为蓝色（#02A7F0），不透明度为80%，文字颜色为白色（#FFFFFF）。

图 2-134

> **提示**
>
> 在移动设备上需要选择内容时，一般不使用 Axure RP9 本来提供的单选按钮或复选框，而是把选择标签做成按钮的形式，这样可以增大操作面积，提升操作体验。
>
> 在此基础上，请各位读者思考如何制作单选效果，可以参考 2.1.2 小节中关于元件属性的知识。

2.8.3 技能提升：切换标签页

素材位置	无
实例位置	实例文件 >CH02>2.8.3 技能提升：切换标签页 .rp
视频名称	技能提升：切换标签页 .mp4
学习目标	制作切换标签页效果

要求单击标签后，该标签被选中，切换至对应标签页的内容，如图 2-135 所示（动画 11）。

1️⃣ 标签鼠标悬停时的样式：改变文字颜色为橘黄色（#F59A23）。

2️⃣ 标签选中时的样式：改变文字颜色并显示下划线，颜色均为橘黄色（#F59A23）。

3️⃣ 使用的图标均为 Icon 元件库中的图标。

图 2-135

第3章

3

让原型距离真实产品更近一步

本章先介绍"由事件引发的交互"的制作过程，
然后讲解变量、函数和表达式，接着介绍中继器元件的
知识，最后介绍自适应视图的使用。本章是
Axure RP9 的核心内容，学完本章内容，
读者可以熟练地使用高级
交互技能制作
高保真原型。

 学习目标

掌握"由事件引发的交互"的制作过程 | 掌握"多情形交互"的制作过程
掌握变量、函数和表达式的含义及应用
掌握中继器元件的结构原理及应用 | 熟悉自适应视图的使用

3.1　由事件引发的交互

之前已经制作过低保真原型中常见的交互，本节内容以分析登录逻辑为引入，系统地介绍"由事件引发的交互"。

3.1.1　知识导入：分析登录的交互逻辑

Axure RP9 可以轻松模拟用户登录的过程。下面先简单地分析一下登录的交互逻辑，暂不考虑在 Axure RP9 中的操作方法。

　　1 登录过程是何时触发的？

单击登录按钮是触发交互的第一步，"单击"是操作，"登录按钮"是操作的对象。

　　2 单击登录按钮后会有几种情况？

两种：第一种情况是登录成功，第二种情况是登录失败。

　　3 登录成功和登录失败是以什么标准判断的？

登录成功即用户名和密码均输入正确，登录失败即用户名或密码其中任意一项输入错误。

　　4 每种情况各有什么效果？

登录成功：显示"登录成功"，并跳转至新页面。

登录失败：显示"错误信息"。

3.1.2　事件、情形、条件、动作

上一小节分析的 4 个步骤分别对应 Axure RP9 中制作交互的 4 个元素：事件、情形、条件和动作。

1. 事件

事件是针对某个对象进行的可识别操作。例如，对"按钮"进行单击操作，就是"按钮"的"单击时"事件；改变"动态面板"状态的操作，就是"动态面板"的"状态改变时"事件。

操作的对象可以是某个元件、某个组合，也可以是页面。操作不一定都是用户触发的，也可以是浏览器触发的，例如，页面的"载入时"事件即为浏览器触发。

2. 情形和条件

一个交互可能有不同的情形，每种情形可能有不同的触发条件，在不同的触发条件下可能会产生不同的反馈信息，执行不同的动作。例如，"用户名文本框输入 admin，密码文本框输入 123456"为登录成功情形的条件。

有些情形可能没有具体的条件参数。例如，除了输入指定的用户名和密码外，输入其他任何内容都会被判定为登录失败，那么登录失败的情形就没有具体的条件参数。

3. 动作

动作是为了实现交互效果而具体执行的内容，例如，"显示""等待"都是可执行的动作。每种动作都有不同的参数设置，例如，"显示"动作要指定某个元件，"等待"动作要设置等待时长。

如果交互只有一种情形，并且该情形不需要执行条件，那么也就意味着只要触发事件，就一定会执行相应的动作，在这种情况下，交互只包含事件和动作两个元素。例如，"单击取消按钮后弹框消失"这个效果，只要触发了"取消按钮"的"单击时"事件，就会无条件执行隐藏"弹框"动作，并且只有这一种情形。

3.1.3 巩固练习：实现登录的交互效果

素材位置	无
实例位置	实例文件 >CH03>3.1.3 巩固练习：实现登录的交互效果 .rp
视频名称	巩固练习：实现登录的交互效果 .mp4
学习目标	制作用户登录交互效果，巩固事件、情形、条件和动作的相关知识

扫码看视频

在这一小节的练习中，要实现之前分析的登录过程的交互效果，并结合这个案例，详细说明事件、情形、条件和动作的具体操作步骤和注意事项。

1. 实现效果

输入用户名"admin"，密码"123456"后，显示"登录成功"弹框，1 秒钟后跳转至欢迎页面；输入其他内容，则显示"用户名或密码错误！"，登录失败，如图 3-1 所示（动画 12）。

（动画 12）

案例效果

图 3-1

2. 制作步骤

首先对页面的内容进行简单排版，并给涉及交互的元件命名。

▮ 在原型项目中添加两个页面，分别为"登录页"和"欢迎页"。在"登录页"中，将"用户名"文本框命名为 username，"密码"文本框命名为 password，把"登录成功"弹框放到动态面板里，并给该动态面板命名为 success，将错误信息的提示文本命名为 error，如图 3-2 所示。

思考 ▼

为什么要把弹框内容放到动态面板里？在画布中，弹框为什么可以不放到居中位置？以上问题可以参考2.6.5小节。

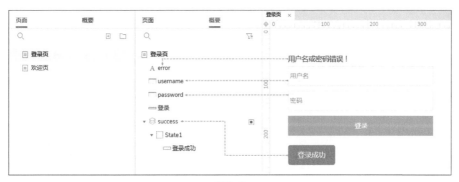

图 3-2

② 设置"密码"文本框的类型为"密码",如图 3-3 所示。

③ 设置 success 动态面板固定到浏览器,在水平和垂直方向居中显示,如图 3-4 所示。

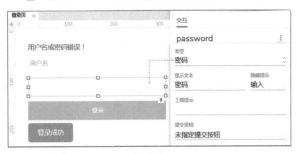

图 3-3

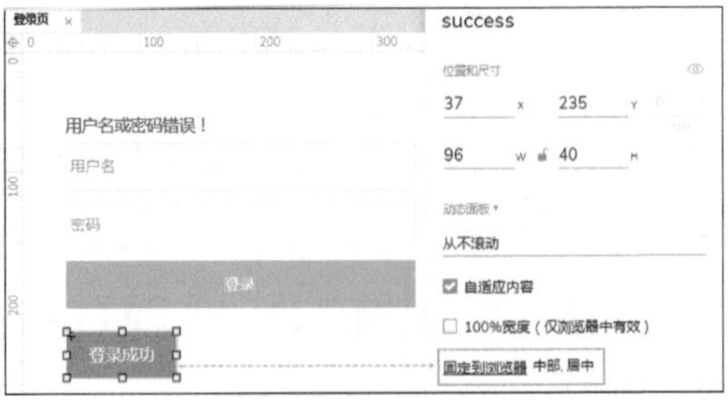

图 3-4

④ 隐藏 success 动态面板和 error 文本标签,如图 3-5 所示。

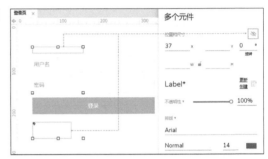

图 3-5

　　现在制作"登录成功"的情形。因为 Axure RP9 在添加第一组动作时,还没有启用情形,所以需要先添加动作,然后启用情形,并设置情形的触发条件。

⑤ 选中"登录"按钮,单击元件交互功能区中的"新建交互"按钮,选择"单击时",如图 3-6 所示。

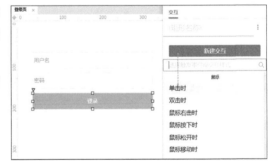

图 3-6

⑥ 添加"显示/隐藏"动作,设置目标为 success,状态为"显示",动画为"逐渐",单击"确定"按钮,第一个动作就添加完成了,如图 3-7 所示。

图 3-7

⑦ 继续单击下方的"添加动作"按钮 ,添加"等待"动作,等待 1000 毫秒,单击"确定"按钮,第二个动作就添加完成了,如图 3-8 所示。

⑧ 继续单击下方的"添加动作"按钮，添加"打开链接"动作，链接到"欢迎页"，单击"确定"按钮，第三个动作就添加完成了，如图3-9所示。

图3-8　　　　　　　　　　　　　　　　　图3-9

提示　　　　　　　　　　　　　　　　　　　　　　　　　　　　　　　　　▼

如果有多个动作，则按照由上至下的顺序执行。步骤6、步骤7和步骤8的动作有严格的顺序要求，如果顺序错误，则交互效果无法实现。不过，在有些交互中，动作的顺序对最终效果没有影响。

⑨ 选中"登录"按钮，将鼠标指针悬停至元件交互功能区中，在已经添加好动作的"单击时"事件右上角单击"启用情形"按钮，如图3-10所示。

⑩ 在打开的"情形编辑 - 矩形：单击时"对话框中，设置情形名称为"登录成功"，如图3-11所示。

图3-10　　　　　　　　　　　　　　　图3-11

提示　　　　　　　　　　　　　　　　　　　　　　　　　　　　　　　　　▼

可以根据情形数量的多少和交互的复杂程度决定是否给情形命名，如果不命名，则会按顺序显示为情形1、情形2、情形3，以此类推。

⑪ 单击"添加条件"按钮，依次设置条件参数为"元件文字""username""==""文本""admin"。单击右侧的"添加行"按钮，依次设置第二个条件的参数为"元件文字""password""==""文本""123456"。需要匹配全部条件，如图3-12所示。

图 3-12

思考

在 Axure RP9 中模拟登录过程，实际上是指定了一组正确的用户名和密码。

步骤 11 中两个条件的含义分别是：判断 username（文本框）的文本等于 admin，并且 password（文本框）的文本等于123456，当同时满足这两个条件时，即可执行该情形下的动作。

在"情形编辑－矩形：单击时"对话框中，如果选择"匹配以下任何条件"选项，则只需要满足多个条件中的一个即可执行该情形下的动作。

---

⑫ 将鼠标指针悬停至元件交互功能区中的"单击时"事件右上角，单击"添加情形"按钮，如图 3-13 所示。

⑬ 在打开的"情形编辑－矩形：单击时"对话框中，编辑情形的名称为"登录失败"。因为只指定了一组正确的用户名和密码，所以在文本框中输入其他

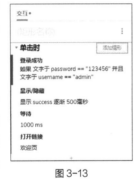

图 3-13

内容均被视为错误，即"登录失败"情形无须再专门设置条件，直接单击"确定"按钮即可。

⑭ 继续单击下方的"添加动作"按钮，添加"显示 /隐藏"动作，设置目标为 error，状态为"显示"，单击"确定"按钮，如图 3-14 所示。

这样，登录过程的交互就全部制作完成了，按 F5 键即可在浏览器中预览效果。

图 3-14

3.1.4 工作技巧："如果"和"否则"的转换

若一个交互有多种情形，在设置每种情形的触发条件时，第一个情形的条件前缀是"如果"，而从第二个情形开始，前缀默认为"否则"，那么在情形的名称上执行右键菜单命令"切换为［如果］或［否则］"，就可以将二者相互转换，如图 3-15 所示。

当情形条件、执行的动作设置都没有问题，交互效果却依然无法实现时，请考虑是否需要进行"如果"或"否则"的转换。

◎　如果：每种情形的条件都会进行判断，只要符合条件就会执行该情形下的动作。

◎　否则：从上至下依次判断，只要满足一个情形的条件，就不再对后面的情形进行判断，也就意味着无论后面的情形是否符合条件，均不会再执行。

图 3-15

3.2　变量

变量用来存储和读取数据内容，它的值可以发生变化，在高保真原型中被广泛使用。本节介绍变量的分类、命名和常见应用。

3.2.1　知识导入：显示用户信息

素材位置	无
实例位置	实例文件 >CH03>3.2.1 知识导入：显示用户信息 .rp
视频名称	知识导入：显示用户信息 .mp4
学习目标	引入变量的知识

扫码看视频

用户登录后，个人中心会显示用户信息，这个过程涉及两个关键的步骤，即先要保存输入的用户名，然后把用户名传递到另一个页面，这些都离不开变量。本小节通过这个案例，初步应用变量。

1. 实现效果

（动画 13）

案例效果

未登录时，主页上显示"欢迎您，请登录"。登录后，主页上显示当前用户的信息，如图 3-16 所示。本小节简化了登录过程的交互，单击"登录"按钮后直接跳转页面，不再设置判断条件（动画 13）。

图 3-16

2. 制作步骤

1 添加"主页"和"登录页"两个页面，并给涉及交互的元件命名。"主页"的核心内容是"欢迎您"文本标签，命名为 welcomeUser，"登录页"的核心内容是"用户名"文本框，命名为 username，其余内容可自行设计排版，如图 3-17 所示。

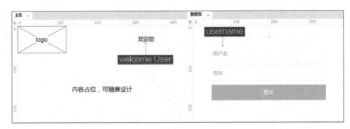

图 3-17

2 通过全局变量保存 username 文本框的内容。选择菜单栏中的"项目 > 全局变量"命令，打开"全局变量"对话框。单击"添加"按钮，设置变量名称为 user，默认值为"请登录"，如图 3-18 所示。

3 选中"登录页"中的"登录"按钮，单击元件交互功能区中的"新建交互"按钮，选择"单击时"，添加"设置变量值"动作。设置目标为 user，设置为为"元件文字"，元件为 username，如图 3-19 所示。

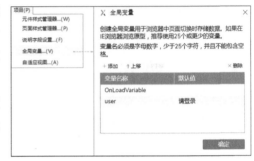

图 3-18

图 3-19

4 单击下方的"添加动作"按钮 ，添加"打开链接"动作，链接到"主页"，如图 3-20 所示。

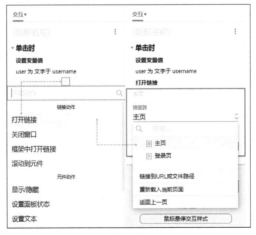

图 3-20

5 打开"主页"，单击页面交互功能区中的"新建交互"按钮，选择"页面载入时"，添加"设置文本"动作。设置目标为welcomeUser，设置为为"文本"，值为"欢迎您，[[user]]"，如图3-21所示。也可以单击"*fx*"按钮，打开"编辑文本"对话框，单击"插入变量或函数"按钮，选择user，如图3-22所示。

图 3-21

思考

此步骤也可以给welcomeUser文本标签的"载入时"事件添加相同的动作，各位读者可以自行尝试。

图 3-22

6 选中"主页"中的welcomeUser文本标签，单击元件交互功能区中的"单击时→打开链接"按钮，链接到"登录页"，可快速添加跳转链接动作，如图3-23所示。

思考

在元件交互功能区中，有几个常用交互的快捷按钮，可快速设置交互动作。不同种类元件的常用交互有所不同。

这样，登录后显示用户信息的交互效果就制作完成了，按F5键即可在浏览器中查看原型。做完这个交互效果，读者是否对变量的用途有一个初步的感受了呢？下一小节将对其进行详细的介绍。

图 3-23

3.2.2 变量详解

变量的作用是保存和传递数据，在高保真原型中有着普遍的应用。

1. 变量的分类

变量一般分成两类：系统变量和自定义变量。其中，按照变量的作用范围，又可以把自定义变量分为全局变量和局部变量。

系统变量： 系统已经创建好的变量，可以直接读取某个对象的属性值。在本书附录《Axure RP9 函数和系统变量表》中可以查询全部系统变量的含义。

全局变量： 作用范围是整个项目文件，任何页面、元件都可以获取它的值。Axure RP9 默认提供一个全局变量 OnLoadVariable，但实际应用中一般不使用它，而是自行创建新的全局变量，并按照实际意义命名。

局部变量： 作用范围仅局限于某个交互动作内，在其他的交互动作中无效。

2. 系统变量的结构

在交互编辑器中需要输入值的地方，单击 "*fx*" 按钮，可以打开 "编辑文本"（或 "编辑值"）对话框，单击 "插入变量或函数" 按钮，可以在下拉列表中选择并应用相应的系统变量，如图 3-24 所示。

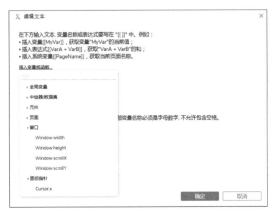

图 3-24

系统变量包含对象和属性。例如，Window.width 是一个系统变量，Window 是对象，width 是属性。

对象是一个具体的实体，例如元件、浏览器窗口、数据集等。属性是该实体的属性，例如坐标、尺寸、文本等。对象和属性的中间有一个圆点 "."，它的含义可以理解为 "的"，Window.width 的意思就是 "浏览器窗口的宽度"。

3. 自定义变量的使用与命名

全局变量通过菜单栏中的 "项目 > 全局变量" 命令创建，在交互编辑器中的 "编辑文本"（或 "编辑值"）对话框中应用。局部变量在交互编辑器中的 "编辑文本"（或 "编辑值"）对话框中创建并应用，如图 3-25 所示。

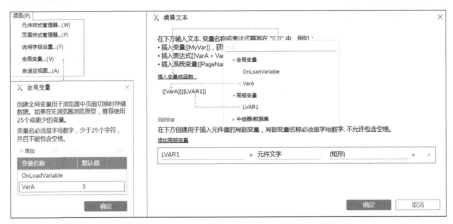

图 3-25

无论是全局变量还是局部变量，都要遵循一定的命名规则。

◎ 变量名称的第一位必须是半角英文字母，从第二位开始则只允许使用英文、数字和下画线（＿）。

◎ 变量名称的长度最多不超过 25 个字符，不允许输入空格，若输入空格，则会自动替换为下画线（＿）。

◎ 全局变量的变量名不允许重复，而局部变量的变量名在作用范围内不允许重复。

4. 自定义变量的变量值

全局变量的变量值为文本类型，包括数字、汉字、英文和标点符号。

局部变量的变量值有 7 种类型：选中状态、被选项、禁用状态、变量值、元件文字、焦点元件文字和元件。在添加局部变量时，可以在这 7 种类型中进行选择。

◎ 选中状态：获取指定元件的选中状态，值为 True 或 False。

◎ 被选项：获取指定下拉列表或列表框的当前被选项。

◎ 禁用状态：获取指定元件的禁用状态，值为 True 或 False。

◎ 变量值：获取指定全局变量的值。

◎ 元件文字：获取指定元件上的文本内容。

◎ 焦点元件文字：获取焦点元件上的文本内容。

◎ 元件：获取指定元件。

3.2.3 数据传递

变量的用途之一就是进行数据传递。可以把某个数据临时保存到全局变量中，然后实现跨页面传递，3.2.1 小节中的传递用户信息就是应用了全局变量的这个功能。

局部变量也可以作为"中间值"进行数据传递。例如，想要获取文本框中输入的内容并显示出来，需要先把元件文字传递给局部变量，然后再通过获取局部变量的值，间接获取元件文字，如图 3-26 所示。

单击"获取文字"按钮后，在下方的矩形中显示文本框输入的内容，制作步骤如下。

图 3-26

1️⃣ 将文本框命名为 input，矩形命名为 show，用来显示输入的内容。

2️⃣ 选中"获取文字"按钮，单击元件交互功能区中的"新建交互"按钮，选择"单击时"，添加"设置文本"动作。设置目标为 show，设置为为"文本"，如图 3-27 所示。

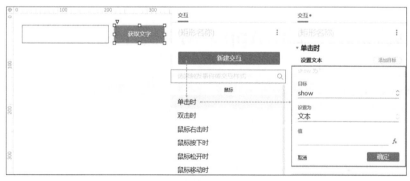

图 3-27

❸ 单击"fx"按钮，打开"编辑文本"对话框，然后单击"添加局部变量"按钮，设置局部变量的参数为"LVAR1""元件文字""input"，接着在上方输入"[[LVAR1]]"，或单击"插入变量或函数"按钮，选择"LVAR1"，如图 3-28 所示。

图 3-28

这样，即可通过局部变量，间接获取文本框中输入的内容，按 F5 键即可在浏览器中查看原型。由此可知：在获取当前页面内的元件文字时，使用局部变量；跨页面获取元件文字时，使用全局变量。

> 提示 ▼
>
> 在一个交互动作内，可以添加多个局部变量。

3.2.4 表达式与数据运算

当表达式用来进行数据运算时，需要写在双方括号"[[ ]]"中。在一些比较复杂的交互效果中，输出的值需要经过一系列的运算，而运算需要用表达式完成。

例如，在"编辑文本"或"编辑值"对话框中，直接输入"[[2+3]]"，输出的值为 5。

全局变量和局部变量可以参与运算，例如，全局变量 VarA 的值为 3，局部变量 LVAR1 的值为 4，则 [[VarA+LVAR1+1]] 输出的值为 8。

双方括号"[[]]"内部和外部的值可以直接进行拼接，例如，全局变量 VarA 的值为 3，则 [[VarA]] 个输出的值为 3 个。

系统变量和函数也可以参与运算，例如，Window.width 是一个系统变量，含义是获取当前浏览器窗口的高度，它的值不是固定的，若浏览器窗口的高度为 500 像素，则 [[Window.width+10]] 输出的值为 510。

3.2.5 巩固练习：制作 App 启动页倒计时

素材位置	无
实例位置	实例文件 >CH03>3.2.5 巩固练习：制作 App 启动页倒计时 .rp
视频名称	巩固练习：制作 App 启动页倒计时 .mp4
学习目标	把变量和情形、条件的知识相结合，制作 App 启动页倒计时效果

扫码看视频

启动页是用户启动 App 后首先看到的页面或动画，它可以传递品牌信息，也是一个重要的流量入口，可以用来放置广告。除此之外，App 在启动过程中，需要加载资源、请求网络，这个过程的时长受硬件环境和网络环境的影响。通过设置启动页，可以给予用户正向反馈，避免用户误以为 App 出现问题，提升用户体验。

1. 实现效果

（动画 14）

案例效果

打开启动页后，显示倒计时，倒计时结束后自动跳转至首页，如图 3-29 所示（动画 14）。

图 3-29

2. 制作思路

通过全局变量记录倒计时的秒数，每隔 1 秒，把全局变量的值减 1，并把变量值显示出来，循环执行，直到变量值减至 1 后，跳转页面。

3. 制作步骤

① 添加"启动页"和"首页"两个页面。在"启动页"中放置一个圆形，命名为 timer。两个页面中的其他内容不参与交互，各位读者可自行设计。

② 添加一个全局变量，用来记录当前的秒数。选择菜单栏中的"项目 > 全局变量"命令，添加 seconds 全局变量，默认值为 5，即倒计时为 5 秒钟，如图 3-30 所示。

③ 本案例的交互在独立的"交互编辑器"对话框中进行设置。打开启动页，在页面交互功能区中单击"交

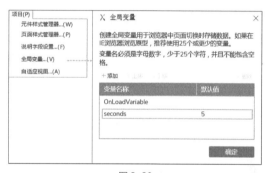

图 3-30

互编辑器"按钮，打开"交互编辑器"对话框。选择"页面载入时 > 设置文本"命令，设置文本的目标为 timer，并在对话框右侧把 timer 设置为"文本"，值为 [[seconds]]s，如图 3-31 所示。

图 3-31

④ 在"交互编辑器"对话框中继续添加"设置变量值"动作，设置目标 seconds 的值为[[seconds-1]]，如图 3-32 所示。

图 3-32

⑤ 在"交互编辑器"对话框中继续添加"等待"动作，设置等待 1000 毫秒，如图 3-33 所示。

图 3-33

⑥ 在"交互编辑器"对话框中继续添加"触发事件"动作，设置目标为"页面"，添加事件为"页面载入时"，如图 3-34 所示。

图 3-34

⑦ 把鼠标指针悬停至"交互编辑器"对话框中部的"页面载入时"选项上，单击"启用情形"按钮，依次设置条件参数为"变量值""seconds"">""值""0"。如图 3-35 所示。

图 3-35

⑧ 把鼠标指针悬停至"交互编辑器"对话框中部的"页面载入时"选项上，单击"添加情形"按钮，无须设置条件参数，单击"确定"按钮后继续添加"打开链接"动作，链接到"首页"。目前所有的交互动作均添加完毕，在"交互编辑器"对话框中，完整的交互列表如图 3-36 所示。

这样，App 启动页在 5 秒倒计时后自动跳转至首页的效果制作完成，按 F5 键即可在浏览器中查看原型。

图 3-36

3.2.6 工作技巧：通过全局变量表示状态

全局变量除了可以用来进行数据传递和数据运算外，也可以用来表示某种全局状态。例如，在 3.2.1 小节中，全局变量 user 既可以用来保存用户名，也可以用来表示用户的登录状态：当 user 的值为"请登录"时，表示"未登录"状态，其他值则表示"已登录"状态。在真实产品中，有些操作必须在用户登录后才可进行，例如，在电商产品中，用户必须先登录，才能购买商品。那么在界面原型中，可以通过全局变量 user，把与登录相关的流程模拟出来。图 3-37 所示为购买商品的流程的交互逻辑，各位读者可以自行尝试制作。

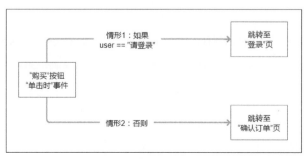

图 3-37

除用户是否登录外,产品中的部分操作权限与用户类型也有关系。例如,有些内容只有会员用户可以浏览,因此需要通过判断全局变量 VIP 的值,来执行不同的交互动作,其交互逻辑如图 3-38 所示。

提示 ▼

初学者面对复杂的交互逻辑时,可以提前绘制简易版流程图来梳理思路。

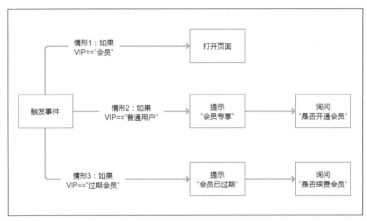

图 3-38

3.3 **函数**

函数是 Axure RP9 内置的又一种强大工具,函数内部已经封装好了运算逻辑,可以直接调用。当函数与变量结合使用时,能够制作更加逼真的高保真交互效果。

3.3.1 知识导入:制作电子时钟

素材位置	无
实例位置	实例文件 >CH03>3.3.1 知识导入:制作电子时钟 .rp
视频名称	知识导入:制作电子时钟 .mp4
学习目标	引入函数的知识

扫码看视频

在监控大屏、后台管理等产品中,经常能够见到电子时钟,使用 Axure RP9 自带的函数工具可以非常方便地实现这一效果。本小节通过电子时钟案例,使读者能够初步应用函数。

1. 实现效果

实时显示当前日期和当前时间,精确到秒,如图 3-39 所示(动画 15)。

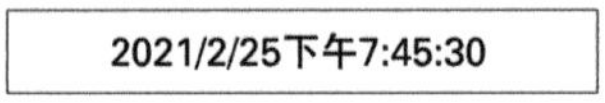

（动画 15）

2021/2/25下午7:45:30

图 3-39

案例效果

2. 制作步骤

1 需使用一个矩形来显示电子时钟的内容,输入要显示的内容,调整好样式后,清除矩形中的文本,如图 3-40 所示。

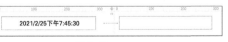

图 3-40

② 选中该矩形，单击元件交互功能区中的"新建交互"
按钮，选择"载入时"，添加"设置文本"动作。设置目标
为"当前"，设置为为"文本"，如图3-41所示。

图 3-41

③ 单击"*fx*"按钮，打开"编辑文本"对话框，然后单击"插入变量或函数"按钮，依次选择日期分类下的
toLocaleDateString() 和 toLocaleTimeString() 选项。选择完成后，文本框会自动填充为[[Now. toLocaleDateString()]]
[[Now.toLocaleTimeString()]]，如图3-42所示。

④ 此时在浏览器中查看原型，会发现矩形中只显示了一个固定的时间，这个时间是矩形"载入时"那
一刻的时间，并没有实时更新。由于"设置文本"动作只发生在矩形"载入时"，矩形载入完成后，将不再
继续执行"设置文本"动作，因此此矩形内的文本内容是固定不变的。如果想实时显示当前时间，必须要每隔
1秒钟让矩形执行一次"设置文本"动作。继续添加"等待"动作，设置等待1000毫秒，最后添加"触发事
件"动作，设置目标为"当前"，添加事件为"载入时"，如图3-43所示。

图 3-42　　　　　　　　　　　　　　　　　　　　　图 3-43

这样，一个实时显示当前日期和当前时间的电子时钟就制作完成了，按F5键即可在浏览器中查看原型。

3.3.2　函数详解

Axure RP9内置了很多种类的函数，在"编辑文本"（或"编辑值"）对话框中可以直接调用这些函数。
有时需要将函数与变量结合使用，从而制作比较复杂的高保真交互效果。

函数包括函数名、参数和返回值。函数以英文命名，函数名后面英文小括号内部所填充的是函数的参数，使用者不需要关心函数内部的逻辑，只需按照要求传入参数，即可得到返回值。

以 substr(start,length) 函数为例，其含义是"从文本指定的位置开始，截取一定长度的字符串"，该函数有两个必传参数。

◎ start：开始位置的下标，下标从 0 开始，即文本中第一位的下标为 0。

◎ length：所截取字符串的长度。

在使用 substr(start,length) 函数时，需要知道截取哪一段文本，因此要在函数前加上截取的对象。截取对象可以是全局变量或局部变量，若变量 VarA 的值是"产品经理"，则 VarA.substr(0,2) 的返回值就是"产品"。

有些函数的参数不是必填项，例如 toLowerCase() 函数，其含义是"把文本中所有大写字母转换为小写字母"，若变量 VarA 的值是 ABCD，则 VarA.toLowerCase() 的返回值就是 abcd。

> **提示**
>
> Axure RP9 提供的函数工具数量很多，各位读者无须把函数全部记住，需要使用时，在本书附录《Axure RP9 函数和系统变量表》中查询即可。

3.3.3 巩固练习：模拟手机数字键盘

素材位置	无
实例位置	实例文件 >CH03>3.3.3 巩固练习：模拟手机数字键盘 .rp
视频名称	巩固练习：模拟手机数字键盘 .mp4
学习目标	把变量、函数和表达式的知识相结合，模拟手机数字键盘的输入和删除效果

扫码看视频

在真实产品中，如果要限制用户，使其在移动端的文本框中只能输入数字，可以指定使用数字键盘，从而避免用户输入数字以外的内容，也能够减少程序校验的步骤。

1. 实现效果

自定义数字键盘，键盘中包含删除键。单击数字键，依次向右输入数字；单击删除键，从最右侧的数字开始删除，如图 3-44 所示（动画 16）。

（动画 16）

案例效果

1356		
1	2	3
4	5	6
7	8	9
0		删除

图 3-44

2. 制作步骤

下面进行页面排版、创建全局变量等准备工作。

1️⃣ 使用矩形制作数字键盘。之所以用矩形制作用以展示输入内容的元件，而不用文本框，是因为如果使用文本框，那么在移动设备中预览原型时，一旦单击自定义键盘上的按键，就会调起系统键盘，而案例中要用自定义键盘替代系统键盘，所以要用矩形来替代文本框制作数字键盘。先给矩形命名为number，如图 3-45 所示。

2️⃣ 在菜单栏中选择"项目>全局变量"命令，新建全局变量 temp，不设置默认值，用来临时保存在自定义键盘中按下的数字，如图 3-46 所示。

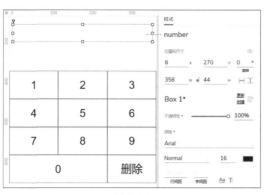

图 3-45

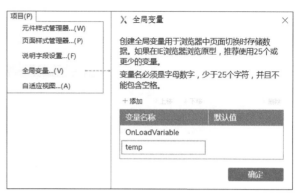

图 3-46

下面制作在自定义键盘中输入数字的交互动作。

③ 选中自定义键盘中的"数字 1"矩形，单击元件交互功能区中的"新建交互"按钮，选择"单击时"，添加"设置变量值"动作。设置目标为 temp，设置为为"值"，如图 3-47 所示。

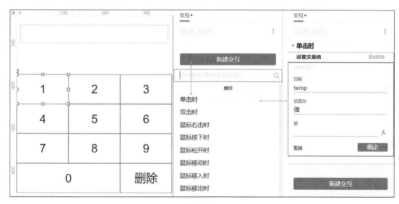

图 3-47

④ 单击"fx"按钮，打开"编辑文本"对话框，添加两个局部变量，设置参数分别为"show""元件文字""number"和"press""元件文字""当前"，然后在上方的文本框中输入"[[show]][[press]]"，也可以单击"插入变量或函数"按钮，在下拉列表中选择 show 和 press，如图 3-48 所示。

⑤ 添加"设置文本"动作，设置目标为 number，设置为为"变量值"，变量为 temp，如图 3-49 所示。

图 3-48

图 3-49

6 按照上面的逻辑，给自定义键盘中的其他数字矩形分别添加交互动作，接着制作在自定义键盘中删除数字的交互动作。

7 选中自定义键盘中的"删除"矩形，单击元件交互功能区中的"新建交互"按钮，选择"单击时"，添加"设置变量值"动作。设置目标为 temp，"值"为 [[temp.substr(0,(temp.length-1))]]，如图 3-50 所示。

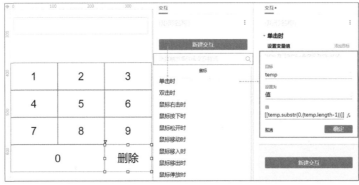

图 3-50

8 添加"设置文本"动作，设置目标为 number，设置为为"变量值"，变量为 temp。"删除"矩形的全部交互动作如图 3-51 所示。

这样，自定义数字键盘的输入和删除效果就制作完成了，按 F5 键即可在浏览器中查看原型。这个案例涉及全局变量、局部变量、系统变量和函数的综合交互，读者要仔细思考和体会。

图 3-51

3.3.4 工作技巧：函数与系统变量的区别

在"编辑文本"（或"编辑值"）对话框中，系统变量和函数都展示在"插入变量或函数"下拉列表中，如图 3-52 所示。它们都是 Axure RP9 内置的工具，那么应该如何区分呢？最简单的方法就是看是否含有括号，不含括号的为系统变量，含括号的为函数。例如，Window.scrollY 是系统变量，toString() 是函数。

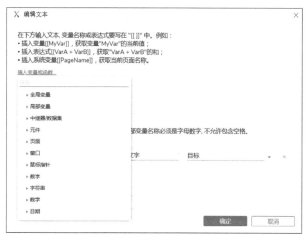

图 3-52

系统变量一般用于直接获取某个值，例如，This.x（当前元件的 x 坐标），这个坐标值是可以直接读取的。而函数要通过内部的逻辑运算才能得到返回值，例如，Math.ceil(x)（给 x 的值向上取整数），x 的值不同，返回值也就不同。当 x=3.58 时返回值为 4，当 x=10.062 时返回值为 10，需要经过计算得出。

3.4 中继器

中继器是一种高级元件，用于存储和显示数据，可以对数据进行排序、筛选和分页展示，也可以新增、删除和修改数据。使用中继器，可以在高保真原型中模拟对数据的动态操作。

3.4.1 知识导入：制作商品管理列表

素材位置	无
实例位置	实例文件 >CH03>3.4.1 知识导入：制作商品管理列表 .rp
视频名称	知识导入：制作商品管理列表 .mp4
学习目标	引入中继器元件的知识

扫码看视频

后台管理系统中传统的数据列表，可以直接使用表格元件制作，但这一小节改用中继器元件实现，可以使读者初步感受中继器元件的神奇之处。

1. 实现效果

使用中继器元件制作简易版电商后台商品管理列表，如图 3-53 所示。

序号	商品名称	商品价格	操作
1	笔记本电脑处理器i5-内存8GB-硬盘500GB	5299	编辑 删除
2	台式机主机/游戏主机/水冷机箱配件	2399	编辑 删除
3	电竞显示器 高刷新率IPS面板	5999	编辑 删除

图 3-53

2. 制作步骤

1 对照效果图，使用矩形制作表头。

2 将中继器元件拖曳至表头下方，双击中继器，进入中继器的编辑区域。先删掉自带的矩形，然后把表头复制到中继器内部，位置 (0,0)，分别给前 3 个矩形命名为 id、goodsName、price，分别用来显示序号、商品名称和商品价格，第四个矩形无须命名，将其文本修改为"编辑 删除"即可，如图 3-54 所示。

提示

中继器内部是列表的数据区域，每个单元格的尺寸、位置需要和表头对齐。把制作好的表头直接复制到中继器内部，就无须再设置一次了。对于一些简单的列表，这个小技巧比较实用。

图 3-54

3 在样式功能区设置数据集的字段分别为 goodsName、price，分别填充商品名称和商品价格的数据，列表序号的数据源不放在数据集中，如图 3-55 所示。

提示

数据集的字段名称可以和元件名称相同，这样方便接下来绑定数据。

goodsName	price	添加列
笔记本电脑处理器i5-内存8GB-硬盘500GB	5299	
台式机主机/游戏主机/水冷机箱配件	2399	
电竞显示器 高刷新率IPS面板	5999	
添加行		

图 3-55

4 把商品名称数据绑定到 goodsName 矩形上。选中中继器，在元件交互功能区"每项加载"事件的"设置文本"动作中，设置目标为 goodsName，设置为为"文本"，值为 [[Item.goodsName]]。将鼠标指针移入"设置文本"动作右侧，单击"添加目标"按钮，设置目标为 price，设置为为"文本"，值为 [[Item.price]]，如图 3-56 所示。

图 3-56

⑤ 列表序号调用系统变量显示。在步骤4的基础上，继续单击"添加目标"按钮，设置目标为id，设置为为"文本"，值为[[Item.index]]，如图3-57所示。

⑥ 这样，使用中继器制作的简易版商品管理列表制作完成，按F5键即可在浏览器中查看原型。做完这个交互效果，读者是否对中继器元件有了一个初步的感受呢？下一小节将对其进行更加详细的介绍。

提示

[[Item.index]]的含义是返回数据集某行的索引编号，编号起始数为1。利用这个系统变量，可以非常方便地实现列表序号的自增，不必再在数据集中设置该字段。

图 3-57

3.4.2　中继器的基本结构和原理

中继器元件可以用来显示连续重复的元素，多用于制作数据列表，由"项目"和"数据集"组成。例如，电商后台的商品管理列表就是一个常规数据列表，每条数据都会有商品名、原价、售价等字段，这些字段的具体值可能不同，但其展示的元素是连续重复的，这样的内容就可以使用中继器元件制作。

使用中继器元件还可以对数据进行排序、筛选和分页展示，以及增加、删除和修改操作。

虽然使用表格元件也可以制作数据列表，但无法实现数据操作，如果需要制作高保真原型，建议直接使用中继器元件。表格元件只能制作常规形态的列表，而移动App中的信息流页面包含很多列表的展示形式，如图3-58所示，如果要制作这样的内容，表格元件就无能为力了。

图 3-58

1. 中继器的项目

连续重复的元素被称为中继器的项目。

把中继器元件拖入画布，双击即可进入中继器项目的编辑区域，在此区域内可以放置连续重复显示的元件，但不能再嵌套中继器，如图3-59所示。

图 3-59

2. 中继器数据集

中继器数据集用来保存数据内容，由字段和数据组成。在画布中选中中继器，或在中继器项目的编辑区域空白处单击，均可在样式功能区中设置数据集的内容。使用数据集上方的快捷按钮或某个单元格的右键菜单，都可以对数据集的结构进行编辑，如图 3-60 所示。

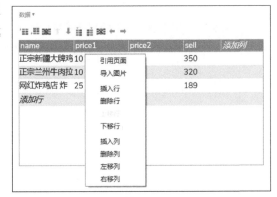

图 3-60

数据集的字段名只能由英文和数字组成。数据集中除了可以添加文本数据外，还可以添加图片和页面。

在单元格上执行右键菜单命令"导入图片"，即可在数据集中添加图片，如图 3-61 所示。

在单元格上执行右键菜单命令 "引用页面"，即可在数据集中添加一个当前原型中的页面，如图 3-62 所示。数据集中添加的页面，本质上存储的是一个页面链接。

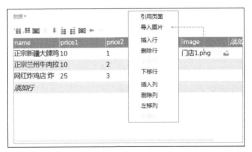

图 3-61

图 3-62

3. 绑定数据

项目和数据集是相对独立的，在没有绑定数据之前，项目中的元件不会显示数据集的内容，只会单纯地重复项目中的元件，中继器数据集中有几行数据，中继器的项目就会重复显示几行数据，如图 3-63 所示。

图 3-63

把中继器元件拖入画布，项目中默认有一个矩形，数据集中默认有一个 Column0 字段，该字段有 3 条数据。在元件交互功能区中，已经默认添加了"每项加载"的交互事件，事件中添加了"设置文本"动作，值为 [[Item. Column0]]，如图 3-64 所示。

图 3-64

上述交互的含义是在中继器的每个项目加载完成时，把数据集中 Column0 字段的每条文本数据按顺序显示到默认的矩形上。如果有多个字段需要显示在不同的元件上，则需要重复上述交互。

绑定图片的方法和上述交互类似，在中继器的"每项加载"事件中添加"设置图片"动作，选中目标元件后，设置默认图片为"值"，输入"[[Item. 图片字段名]]"如 [[Item.image]] 即可，如图 3-65 所示。

数据集中的数据不一定都要显示出来，如果数据是引用的页面，就无法显示，因为它记录的是页面链接。例如，单击数据列表每一行中的"详情"按钮，都可跳转至不同的详情页面。中继器项目中只有一个元件用来制作"详情"按钮，在添加跳转链接时，如何设置目标页面？此时可以从数据集中读取页面链接。选中中继器项目中的"详情"按钮，在"单击时"添加"打开链接"动作，设置"链接到 URL 或文件路径"，输入"[[Item. 页面字段名]]"即可，如图 3-66 所示。

> **提示**
>
> 中继器数据集的作用是存储数据，但数据不一定都要和中继器项目中的元件发生交互。例如，有的字段可以存储该条数据的状态，但状态信息不一定要显示出来，可以供数据筛选、排序使用。
> 中继器项目中的元件也不一定都要绑定交互。例如，有些元件仅起到使排版美观的作用，并没有发生数据交互。

图 3-65　　　　　图 3-66

4. 中继器属性

在中继器的交互功能区中，可设置其属性，如图 3-67 所示。

图 3-67

◎　隔离列表项之间的单选按钮组：默认勾选，如果中继器项目中设置了单选按钮组，那么项目在重复显示时，每行数据都会有相同的单选按钮组名称，勾选此选项后，就不会被认为是同一组，二者互不干扰。

◎　隔离列表项之间的选项组：默认勾选，如果中继器项目中设置了选项组，那么项目在重复显示时，每行数据都会有相同的选项组名称，勾选此选项后，就不会被认为是同一组，二者互不干扰。

3.4.3 进行数据排序

<table>
<tr><td>素材位置</td><td>无</td></tr>
<tr><td>实例位置</td><td>实例文件 >CH03>3.4.3 进行数据排序 .rp</td></tr>
<tr><td>视频名称</td><td>进行数据排序 .mp4</td></tr>
<tr><td>学习目标</td><td>以商品管理列表为例，介绍中继器数据排序的知识</td></tr>
</table>

扫码看视频

下面在 3.4.1 小节商品管理列表的基础上，对列表数据进行排序和移除排序操作（动画 17）。先做一些准备工作，将商品管理列表的中继器命名为 goodsList，在列表上方添加一个按钮，修改文本为"移除排序"，如图 3-68 所示。

（动画 17）

案例效果

图 3-68

1. 添加排序

以按商品价格排序为例，单击表头的"商品价格"时，该列的数据按升序或降序切换显示。

选中表头中的"商品价格"矩形，单击元件交互功能区中的"新建交互"按钮，选择"单击时"，添加"添加排序"动作。设置目标为 goodsList，名称为"按商品价格"，列为 price，排序类型为 Number，排序为"切换"，DEFAULT 为"升序"，如图 3-69 所示。

> **提示**
>
> 排序的名称可以任意输入，但建议要有实际意义，以便当排序较多时方便检索。

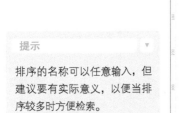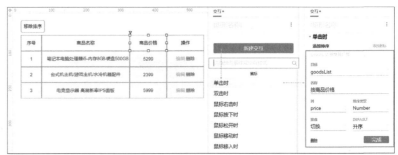

图 3-69

这样，按商品价格切换排序方式的效果就制作完成了，按 F5 键即可在浏览器中查看原型。第一次单击"商品价格"时，按商品价格的升序排列，再次单击则按商品价格的降序排列。

排序类型除 Number（数字类型）外，还可以按 Text（文本）和 Date（日期）排序，如图 3-70 所示。读者可以自行丰富中继器的内容，分别尝试按如下几种类型排序。

图 3-70

◎ Text：按文本排序。

◎ Text(Case Sensitive)：按文本排序，区分大小写。

◎ Date-YYYY-MM-DD：按日期排序，日期格式必须符合 YYYY-MM-DD 格式（年－月－日）。

◎ Date-MM/DD/YYYY：按日期排序，日期格式必须符合 MM/DD/YYYY 格式（月／日／年）。

2. 移除排序

单击"移除排序"按钮，列表恢复原始排序方式。

选中"移除排序"按钮，单击元件交互功能区中的"新建交互"按钮，选择"单击时"，添加"移除排序"动作。设置目标为goodsList，排序选择"全部"，如图3-71所示。

这样，移除排序的效果就制作完成了，按F5键即可在浏览器中查看原型。

如果一个中继器中添加了多种排序方式，并且只想移除其中一种，则只需在动作中选择并输入排序名称（如"按价格排序"）即可，如图3-72所示。

图 3-71 图 3-72

3.4.4 进行数据筛选

素材位置	无
实例位置	实例文件 >CH03>3.4.4 进行数据筛选 .rp
视频名称	进行数据筛选 .mp4
学习目标	以商品管理列表为例，介绍中继器数据筛选的知识

扫码看视频

下面在3.4.3小节商品管理列表的基础上，对列表数据进行筛选和移除筛选操作（动画18）。先做一些准备工作，给中继器数据集增加一些数据，在列表上方添加一个下拉列表，列表中的选项为"全部商品""4000以下""4000～7000"和"7000以上"，如图3-73所示。

（动画 18）

案例效果

1. 添加筛选

按照商品价格进行筛选，在下拉列表中选择价格区间后，列表筛选出对应价格的数据。

1️⃣ 选中下拉列表，单击元件交互功能区中的"新建交互"按钮，选择"选项改变时"，添加"添加筛选"动作。设置目标为goodsList，在筛选名称后输入"4000以下"，筛选规则后输入"[[Item.price<4000]]"，保持勾选"移除其他筛选"。添加情形，设置条件参数为"被选项""当前""==""选项""4000以下"，如图3-74所示。

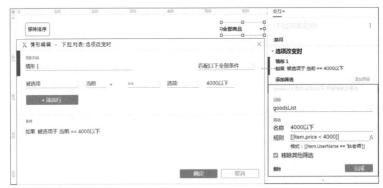

图 3-74

②当在下拉列表中选择 4000 ～ 7000 选项时,筛选规则有两个,此时只需在筛选规则中输入"[[Item.price>=4000&&Item.price<=7000]]"即可。其中"&&"的含义是"并且",即数据需要同时满足"&&"两端的条件。若只需满足多个条件中的一个,则使用"||"符号连接。

按照上述方法,各位读者可以自行添加情形 2 和情形 3,为"4000 ～ 7000"和"7000 以上"两个价格区间添加筛选交互,交互动作列表如图 3-75 所示。

这样,按照商品价格进行筛选的交互效果就制作完成了,按 F5 键即可在浏览器中查看原型。

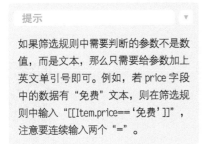

> **提示**
>
> 如果筛选规则中需要判断的参数不是数值,而是文本,那么只需要给参数加上英文单引号即可。例如,若 price 字段中的数据有"免费"文本,则在筛选规则中输入"[[Item.price=='免费']]",注意要连续输入两个"="。

图 3-75

2. 移除筛选

在下拉列表中选择"全部商品"后,移除所有筛选,此时列表会显示全部商品数据。

给下拉列表中的"选项改变时"事件添加情形 4,依次设置条件参数为"被选项""当前""==""选项""全部商品"。添加"移除筛选"动作,设置目标为 goodsList,过滤选择"全部",如图 3-76 所示。

这样,移除筛选的效果就制作完成了,按 F5 键即可在浏览器中查看原型。

如果在一个中继器中添加了多种筛选方式,并且只想移除其中一种筛选方式,那么只需选择并输入该筛选方式的名称(如"7000 以上")即可,如图 3-77 所示。

图 3-76

图 3-77

3.4.5 进行数据分页

素材位置	无
实例位置	实例文件 >CH03>3.4.5 进行数据分页 .rp
视频名称	进行数据分页 .mp4
学习目标	以商品管理列表为例，介绍中继器分页的知识

扫码看视频

下面在 3.4.4 小节的商品管理列表的基础上，对列表数据进行分页展示（动画 19）。接下来，准备把列表分成 3 页，每页显示 5 条数据，因此需要在中继器数据集中添加一些数据，然后按图 3-78 所示，制作页码区域。

（动画 19）

案例效果

图 3-78

1. 设置分页

选中中继器，在元件样式功能区中勾选"多页显示"，每页项数量设置为 5，起始页为 1，如图 3-79 所示。接下来，还要给页码区域的元件添加交互，实现切换分页的效果。

2 选中"首页"按钮，单击元件交互功能区中的"新建交互"按钮，添加"设置当前显示页面"动作。设置目标为 goodsList，页面为 Value，页码为 1，如图 3-80 所示。

图 3-79

3 选中"上一页"按钮，单击元件交互功能区中的"新建交互"按钮，添加"设置当前显示页面"动作。设置目标为 goodsList，页面为 Previous，如图 3-81 所示。

4 选中"下一页"按钮，单击元件交互功能区中的"新建交互"按钮，添加"设置当前显示页面"动作。设置目标为 goodsList，页面为 Next，如图 3-82 所示。

5 选中"尾页"按钮，单击元件交互功能区中的"新建交互"按钮，添加"设置当前显示页面"动作。设置目标为 goodsList，页面为 Last，如图 3-83 所示。

图 3-80

图 3-81

图 3-82

图 3-83

⑥ 选中"页码1"按钮，单击元件交互功能区中的"新建交互"按钮，添加"设置当前显示页面"动作。设置目标为goodsList，页面为Value，在页码处输入"[[This.text]]"，如图3-84所示。

因为页码区域的数字按钮的文字就是要切换的页码，所以通过系统变量[[This.text]]动态获取当前按钮的文字，并赋值给页码，可以简化后续数字按钮的交互步骤，直接把"页码1"的"单击时"事件的交互动作复制到其他数字按钮上即可，如图3-85所示。

图 3-84　　　　　　　　　　图 3-85

这样，设置分页的交互效果就制作完成了，按F5键即可在浏览器中查看原型。

2. 设置每页展示数据条数

将页码区域的"每页条数"文本框命名为number，在number文本框中输入数字，单击"确定"按钮，可以改变中继器元件中每页显示的数据条数。

选中页码区域的"确定"按钮，单击元件交互功能区中的"新建交互"按钮，添加"设置每页项目数量"动作，设置目标为goodsList，在列表项中选择第二项。单击"fx"按钮，在"编辑值"对话框中的"添加局部变量"下方，设置参数为"numberLVAR""元件文字""number"。最后插入该局部变量[[numberLVAR]]，如图3-86所示。

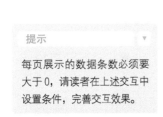

提示

每页展示的数据条数必须要大于0，请读者在上述交互中设置条件，完善交互效果。

图 3-86

这样，设置每页展示数据条数的交互效果就制作完成了，按F5键即可在浏览器中查看原型。

3.4.6　操作数据集

素材位置	无
实例位置	实例文件 >CH03>3.4.6 操作数据集 .rp
视频名称	操作数据集 .mp4
学习目标	以商品管理列表为例，介绍操作中继器数据集的知识

下面在3.4.5小节商品管理列表的基础上，制作添加、编辑和删除列表数据的效果，如图3-87所示

（动画 20）。

（动画 20）

案例效果

图 3-87

首先，在商品列表的左上角放置一个"添加商品"按钮。

接着按照效果图制作"添加商品"弹框、"编辑商品"弹框和"删除提示"弹框，并把这 3 个弹框放到动态面板中，分别对应 State1、State2 和 State3 这 3 个状态，将动态面板命名为 dialog，并设置为"隐藏"。把 3 个弹框放到一个动态面板中，可以节约一些画布空间，为排版提供便利。

1. 添加数据

单击"添加商品"按钮，显示"添加商品"弹框，输入商品名称和商品价格后，新商品的数据将显示在列表第一行。

❶ 打开 dialog 动态面板的 State1，将"添加商品"弹框中的"商品名称"文本框命名为 goodsNameInput，将"商品价格"文本框命名为 priceInput，如图 3-88 所示。

图 3-88

❷ 选中"添加商品"按钮，单击元件交互功能区中的"新建交互"按钮，选择"单击时"，添加"显示 / 隐藏"动作。设置目标为 dialog，状态为"显示"，在更多选项中设置"灯箱效果"。继续添加"设置面板状态"动作，设置目标为 dialog，状态为 State1，如图 3-89 所示。

图 3-89

3 打开 dialog 动态面板的 State1，选中"保存"按钮，单击元件交互功能区中的"新建交互"按钮，添加"添加行"动作，设置目标为 goodsList。单击"添加行"按钮，在打开的对话框中，单击 goodsName 字段下方的"*fx*"按钮，添加并插入局部变量，设置参数依次为"goodsNameLVAR""元件文字""goodsNameInput"；单击 price 字段下方的"*fx*"按钮，添加并插入局部变量，设置参数依次为"priceLVAR""元件文字""priceInput"，如图 3-90 所示。

4 添加"显示/隐藏"动作，设置目标为 dialog，状态为"隐藏"，如图 3-91 所示。

5 添加"设置文本"动作，设置目标分别为 goodsNameInput 和 priceInput，值为空白，如图 3-92 所示。

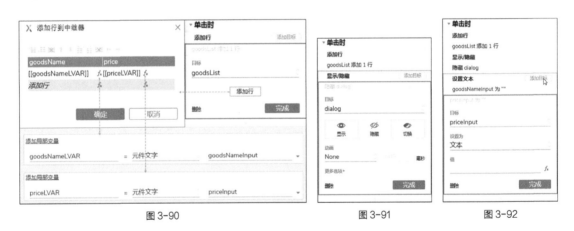

图 3-90   图 3-91   图 3-92

此时按 F5 键在浏览器中查看原型，会发现添加一个商品后，该商品会显示在最后（注意，当前中继器是分页显示的，因此需要切换到尾页才能看到刚刚添加的商品），这显然不符合日常使用习惯。在产品功能设计中，最新添加的商品应该显示在列表第一行。因此，如果能够有一个字段记录下数据的创建时间，然后按照创建时间降序排列，就能够解决这个问题。

6 在数据集中新增一个 createTime 字段，含义为创建时间，但该字段中无须添加数据，如图 3-93 所示。

7 在步骤 3 的"添加行"动作的基础上，在 createTime 字段下方输入"[[Now.getTime()]]"，如图 3-94 所示。

图 3-93

图 3-94

⑧ 添加"添加排序"动作，设置目标为goodsList，名称为"按创建时间排序"，列为createTime，排序类型为Number，排序为"降序"，如图3-95所示。

⑨ 按住鼠标左键拖曳，修改动作的执行顺序，把"添加排序"动作移至"添加行"动作的下方，如图3-96所示。

图 3-95　　　　　　　　　图 3-96

⑩ 给"保存"按钮的"单击时"事件添加情形，并设置条件为priceInput文本框和goodsNameInput文本框均不为空，如图3-97所示。

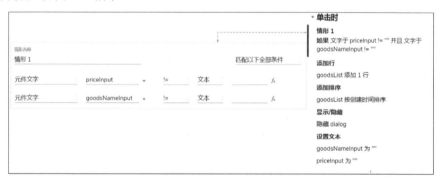

图 3-97

这样，添加商品的交互效果就制作完成了，按F5键即可在浏览器中查看原型。另外，"添加商品"弹框中的文本框为空时的提示、单击"取消"按钮后关闭弹窗等效果还没有制作，各位读者可以按照常规的产品逻辑，自行完善交互效果。

2. 编辑数据

单击列表操作列中的"编辑"按钮，显示"编辑商品"弹框，并回显对应的商品数据，修改后可更新至列表。

① 因为列表中的"编辑"和"删除"按钮要分别添加交互，所以要对中继器的项目稍加改造，删除原有操作列的矩形中的文本，改用两个文本标签元件制作"编辑"和"删除"按钮，如图3-98所示。

图 3-98

② 打开 dialog 动态面板的 State2，将"编辑商品"弹框中的"商品名称"文本框命名为 goodsNameInputEdit，"商品价格"文本框命名为 priceInputEdit，如图 3-99 所示。

图 3-99

③ 打开 goodsList 中继器的项目，选中"编辑"按钮，单击元件交互功能区中的"新建交互"按钮，添加"显示/隐藏"动作。设置目标为 dialog，状态为"显示"，在更多选项中设置"灯箱效果"。继续添加"设置面板状态"动作，设置目标为 dialog，状态为 State2，如图 3-100 所示。

图 3-100

④ 显示"编辑"弹框后，两个文本框中要回显对应的商品数据。添加"设置文本"动作，设置目标为 goodsNameInputEdit，设置为为"文本"，值为 [[Item.goodsName]]；目标为 priceInputEdit，设置为为"文本"，值为 [[Item.price]]，如图 3-101 所示。

⑤ 添加"标记行"动作，设置目标为 goodsList，行选择"当前"，如图 3-102 所示。

图 3-101

图 3-102

> 提示
>
> 因为列表中数据很多，所以在编辑数据之前，先"标记行"，标记的行就是稍后要更新数据的行。

⑥ 打开 dialog 动态面板的 State2，选中"保存"按钮。单击元件交互功能区中的"新建交互"按钮，添加"更新行"动作，设置目标为 goodsList，行选择"已标记"。单击"选择列"按钮，选择"goodsName>值"，

单击右侧的"*fx*"按钮，添加并插入局部变量，设置参数依次为"goodsNameInputEditLVAR""元件文字""goodsNameInputEdit"。单击"选择列"按钮，选择"price>值"，单击右侧的"*fx*"按钮，添加并插入局部变量，设置参数依次为"priceInputEditLVAR""元件文字""priceInputEdit"。如图3-103所示。

图 3-103

⑦ 添加"显示／隐藏"动作，设置目标为dialog，状态为"隐藏"。

⑧ 给"保存"按钮的"单击时"事件添加情形，并设置条件为goodsNameInputEdit文本框和priceInputEdit文本框均不为空，如图3-104所示。

图 3-104

这样，编辑商品的交互效果就制作完成了，按F5键即可在浏览器中查看原型。

3.删除数据

单击列表操作列中的"删除"按钮，显示"删除提示"弹框，单击"确定"按钮后，列表中就会删除对应的数据。

① 打开goodsList中继器的项目，选中"删除"按钮，单击元件交互功能区中的"新建交互"按钮，添加"显示／隐藏"动作，设置目标为dialog，状态为"显示"，在更多选项中设置"灯箱效果"。继续添加"设置面板状态"动作，设置目标为dialog，状态为State3。继续添加"标记行"动作，设置目标为goodsList，行选择"当前"，如图3-105所示。

图 3-105

② 打开dialog动态面板的State3，选中"确定"按钮，单击元件交互功能区中的"新建交互"按钮，

添加"删除行"动作，设置目标为goodsList，行选择"已标记"。继续添加"显示/隐藏"动作，设置目标为dialog，状态为"隐藏"，如图 3-106 所示。

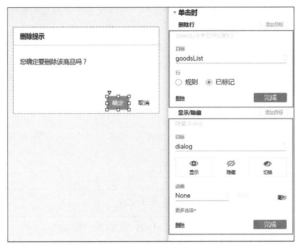

图 3-106

这样，删除商品的交互效果就制作完成了，按 F5 键即可在浏览器中查看原型。

3.4.7 巩固练习：制作外卖 App 门店列表

素材位置	素材文件 >CH03>3.4.7 巩固练习：制作外卖 App 门店列表
实例位置	实例文件 >CH03>3.4.7 巩固练习：制作外卖 App 门店列表 .rp
视频名称	巩固练习：制作外卖 App 门店列表 .mp4
学习目标	把中继器和其他交互知识相结合，制作外卖 App 门店列表

扫码看视频

外卖 App 的门店列表是一种典型的数据列表，可以轻松使用中继器元件来制作。虽然列表中有一些元素并不是连续重复显示的，不符合中继器元件的特性，但可以通过在交互动作中设置多种情形来解决这个问题。

1. 实现效果

下面使用中继器元件制作外卖 App 门店列表。单击每个门店的数据区域都可以跳转至对应的详情页，可以按照"新店开业"和"免配送费"两个条件添加筛选和移除筛选，如图 3-107 所示（动画 21）。

（动画 21）

案例效果

图 3-107

2. 制作步骤

1 设置页面结构，如图 3-108 所示。主要交互在"门店列表"页面制作，其他页面自行添加一些元件以示区别即可。

图 3-108

2 给中继器的项目进行排版，给中继器和项目中的各个元件分别命名，如图 3-109 所示。

3 隐藏中继器项目中的“新店开业”图片，如图 3-110 所示。

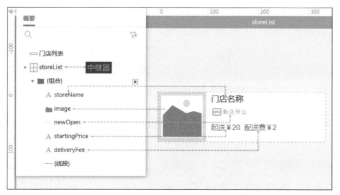

图 3-109

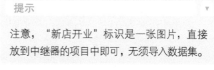

提示

注意，“新店开业”标识是一张图片，直接放到中继器的项目中即可，无须导入数据集。

图 3-110

4 设计中继器数据集，并按照如下说明填写文本数据、导入图片、引用页面，如图 3-111 所示。

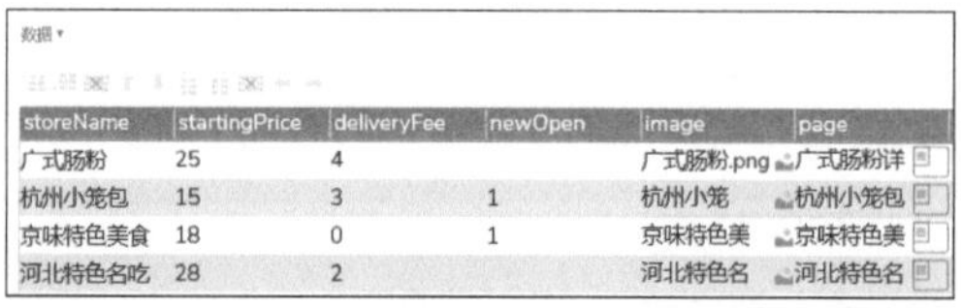

storeName	startingPrice	deliveryFee	newOpen	image	page
广式肠粉	25	4		广式肠粉.png	广式肠粉详
杭州小笼包	15	3	1	杭州小笼	杭州小笼包
京味特色美食	18	0	1	京味特色美	京味特色美
河北特色名吃	28	2		河北特色名	河北特色名

图 3-111

storeName：门店名称。

startingPrice：起送价格，数据中只需填写价格部分，不要填写文本前缀。

deliveryFee：配送费，数据中只需填写价格部分，不要填写文本前缀。

newOpen：有“新店开业”标识的填写 1，没有的不填。

image：门店封面图。

page：跳转的页面。

5 绑定文本类型的数据。在 storeList 中继器的“每项加载”事件中添加“设置文本”动作，设置目标 storeName 的文本为值 [[Item.storeName]]，目标 startingPrice 的文本为值“起送￥[[Item.startingPrice]]”，目标 deliveryFee 的文本为值“配送费￥[[Item.deliveryFee]]”，如图 3-112 所示。

图 3-112

6 绑定图片类型的数据。继续添加“设置图片”动作，设置目标为 image，设置默认图片为“值”，其值为 [[Item.image]]，如图 3-113 所示。

图 3-113

提示

把价格的数值部分单独放到数据集中有如下几个好处。

①编辑数据集内容时方便、快捷，只需在单元格中输入数值，把价格的文本前缀放到交互动作的参数中，这样就无须在每个单元格中都输入诸如“配送费￥”等文本前缀了。

②数据集内容为数值类型，可以按照该字段进行排序。

③按该字段进行筛选时，筛选条件比较简单。

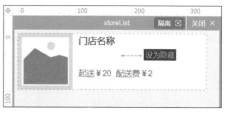

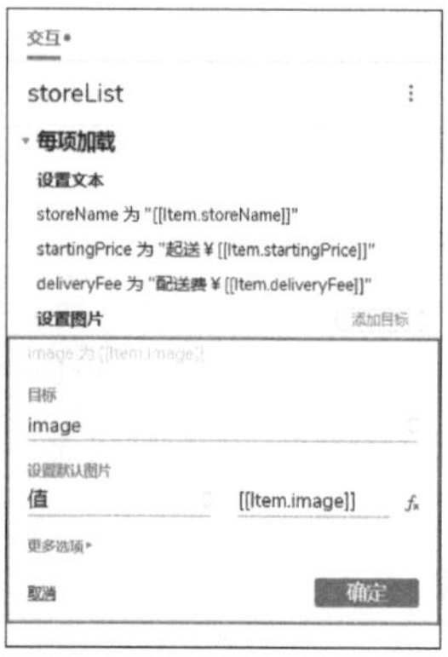

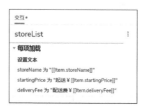

目前，中继器显示的门店数据如图 3-114 所示，还有 3 处细节需要完善。

①步骤 3 中把"新店开业"标识隐藏了，因此目前每家门店都没有此标识，应该根据数据集的数据做区分。

②当配送费为 0 时，应该显示"免配送费"。

③每条数据之间没有间隔，不够美观。

图 3-114

7 给 storeList 中继器的"每项加载"事件启用情形，启用后，上面添加的交互动作都会被放到情形 1 中，且无须设置条件。继续添加"情形 2"，依次设置条件参数为"值""[[Item.newOpen]]""==""值""1"。在情形 2 中添加"显示 / 隐藏"动作，设置目标为 newOpen，状态为"显示"，如图 3-115 所示。含义是当数据集中 newOpen 字段的数据为 1 时，显示"新店开业"标识。

8 此时步骤 7 没有生效，还需要把情形 2 的条件前缀转换为"如果"，如图 3-116 所示。原因请参考 3.1.4 小节。

9 继续添加"情形 3"，依次设置条件参数为"值""[[Item.deliveryFee]]""==""值""0"。添加"设置文本"动作，设置目标为 deliveryFee，设置文本为"免配送费"。同样需要把条件前缀转换为"如果"，如图 3-117 所示。含义是当数据集中 deliveryFee 字段的值为 0 时，显示到项目中的文字为"免配送费"。

10 在 storeList 中继器的样式面板中设置间距，把"行"参数设置为 10，如图 3-118 所示。

图 3-115

图 3-116

图 3-117

图 3-118

现在，上述需要完善的 3 处细节就制作完成了，接着添加门店的跳转链接。

11 进入 storeList 中继器的项目，把项目中所有元件组合。选中该组合，单击元件交互功能区中的"新建交互"按钮，添加"打开链接"动作，设置链接到为"链接到 URL 或文件路径"，输入"[[Item.page]]"，如图 3-119 所示。

⑫ 在中继器上方添加"新店开业"和"免配送费"按钮，设置两个按钮的"选中"交互样式，使字色和线段颜色均为 #F59A23，如图 3-120 所示。

图 3-119　　　　　　　　　　　　　　　　　图 3-120

接下来按照"新店开业"标识进行筛选。单击"新店开业"按钮后，可以实现添加筛选和移除筛选的切换效果，如何在一个按钮上实现两种交互呢？单击"新店开业"按钮后，按钮的颜色会发生变化，也就是说按钮的选中状态会发生变化。可以以"选中时"事件触发"添加筛选"动作，以"取消选中时"事件触发"移除筛选"动作。

⑬ 选中"新店开业"按钮，在其"单击时"事件中添加"设置选中"动作，设置目标为"当前"，设置值为"切换"，如图 3-121 所示。

⑭ 选中"新店开业"按钮，在"选中时"事件中添加"添加筛选"动作，设置目标为 storeList，筛选名称为"筛选新店"，筛选规则为 [[Item.newOpen == 1]]，取消勾选"移除其他筛选"，如图 3-122 所示。

> 提示　▼
>
> 必须取消勾选"移除其他筛选"，否则无法实现多个条件的联动筛选。

图 3-121　　　　　　　　　图 3-122

⑮ 选中"新店开业"按钮，在"取消选中时"事件中添加"移除筛选"动作，设置目标为 storeList，过滤为"筛选新店"，如图 3-123 所示。

⑯ 按照上面的思路，制作"免配送费"筛选的交互效果，其交互动作如图 3-124 所示。

图 3-123　　　　　　　　　　　　图 3-124

这样，外卖 App 的门店列表交互效果就制作完成了，按 F5 键即可在浏览器中查看原型。本案例的制作过程体现了很多交互的制作技巧，希望读者能够仔细体会。

思考

完整的外卖门店列表中应该还包含门店距离、配送时长等内容，并且可以按照门店距离、起送价、配送费等字段进行排序，各位读者可以自行完善这些内容，注意灵活应用本案例中的小技巧。

3.4.8 工作技巧：利用中继器提升排版效率

由于中继器可以显示连续重复的元素，因此利用好中继器可以显著提升页面的排版效率。图 3-125 所示是一张低保真原型的局部页面，上面的元素都可以使用中继器制作。

在上半部分的栏目区域中，图标部分使用图形元件代替，文字部分读取中继器的数据；在样式功能区中，设置中继器的布局为“水平”，勾选“网格排布”，每行项数量为 5，设置行间距和列间距均为 8，如图 3-126 所示，就可以实现图中的排版效果。

下半部分的商品列表，如果不需要显示不同的商品信息，那么中继器数据集的字段可以不做修改，也无须做绑定数据的交互，只需添加数据集的数据行数即可，添加几行数据，列表就重复显示几次，最后在样式功能区中设置中继器的布局和间距参数即可，如图 3-127 所示。

原始的复制、粘贴方法也可以用来制作上述简单的低保真原型，但每次复制、粘贴操作后，还需要细致地对齐每个组件、调整间距等，如果对组件内容做了修改，还需要把每个组件都修改一次，或者全部删除后重新操作。而使用中继器元件，仅需在中继器项目中排版一次即可，看似多了几项操作步骤，但熟练使用后，反而会更加方便。

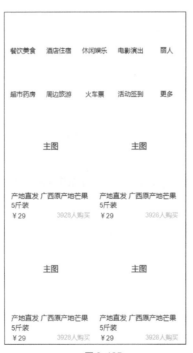

图 3-125

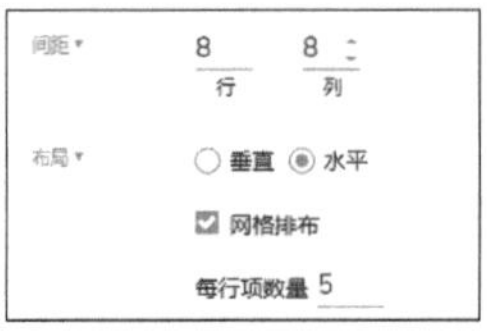

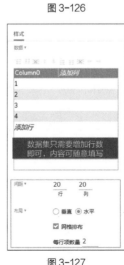

图 3-126

图 3-127

接下来制作一个传统形态的列表，列表中的背景颜色隔行显示，如图 3-128 所示。

要达到这种效果，如果使用表格元件来制作，就会非常麻烦，而在中继器中，只需在样式功能区中勾选"交替颜色"，并分别设置两种颜色即可，如图 3-129 所示。

仅设置上述参数是没有效果的，因为中继器项目中的矩形也有填充颜色，会覆盖刚设置的"中继器项目"背景颜色，所以还需要把矩形的填充颜色设置为透明，才能看到正常的效果，如图 3-130 所示。

图 3-129

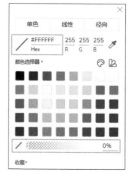

序号	用户名	姓名	角色	状态	操作
1	admin	管理员	超级管理员	正常	编辑
2	liming	李明	运营	正常	编辑
3	zhangfeng	张峰	财务	禁用	编辑
4	zhaozheng	赵正	财务	正常	编辑
5	lihong	李红	客服	正常	编辑

图 3-128

图 3-130

3.5　自适应视图

使用自适应视图可以让界面原型适配不同终端、不同分辨率下的显示效果，制作"响应式"原型。

3.5.1　知识导入：响应式布局

响应式布局是为了适应移动互联网技术高速发展而提出的一个概念，简而言之，就是使网站页面能够兼容不同的终端，为不同终端的用户提供更友好的视觉效果和用户体验，而无须为每个终端单独开发特定的版本。例如，企业官网会有 PC 端网页和移动端网页两个版本，如图 3-131 所示。

图 3-131

①在 PC 端会展示导航菜单，而移动端会默认折叠导航菜单。

②页面主体内容的宽度会适配不同终端。

Axure RP9 的自适应视图功能，可以帮助产品经理和交互设计师制作"响应式"原型。

3.5.2　自适应视图的使用

下面使用自适应视图制作上一小节的企业官网。

1️⃣ 单击页面样式功能区中的"添加自适应视图"按钮，在打开的"自适应视图"对话框中单击"添加"按钮，选择预设项 iPhone 8，如图 3-132 所示。

图 3-132

2️⃣ 此时，画布上方会显示"基本"和"iPhone 8"两个视图按钮，在"基本"视图中排版 PC 端官网的导航菜单和页面主体内容。为了方便后续添加交互，先把几个导航菜单和登录注册按钮进行组合，并命名为 menu，如图 3-133 所示。

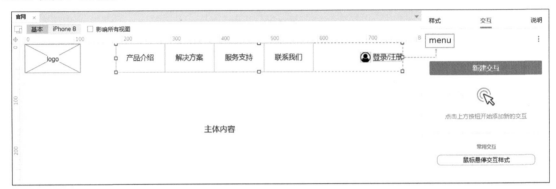

图 3-133

3️⃣ 切换至"iPhone 8"视图，把 menu 组合中的元件重新布局（不要打散 menu 组合），调整其他元件的宽度，再拖入一个"菜单按钮"图标（可使用 Icon 元件库中的图标），如图 3-134 所示。

4️⃣ 制作"iPhone 8"视图中单击"菜单"图标展开和折叠 menu 组合的交互，如图 3-135 所示。

这样，PC 端和移动端两种视图的页面就制作完成了，按 F5 键即可在浏览器中查看原型。在原型播放器中，可直接切换要预览的视图，如图 3-136 所示。切换后如未生效，刷新页面即可。

图 3-134   图 3-135   图 3-136

3.6 技能提升

本章最后准备了 3 个技能提升案例练习，读者可以在空余时间做一做，在巩固本章知识的同时，也可以提升实战技能。

3.6.1 技能提升：手机号合法性校验

素材位置	无
实例位置	实例文件 >CH03>3.6.1 技能提升：手机号合法性校验 .rp
视频名称	技能提升：手机号合法性校验 .mp4
学习目标	对手机号进行合法性校验

扫码看视频

（动画 22）

当文本框失去焦点时，对手机号的合法性进行校验。手机号不符合规范时，显示错误提示信息；手机号符合规范时，显示正确提示信息，如图 3-137 所示（动画 22）。

案例效果

图 3-137

因为真实手机号的规则可能随时发生变化，所以这里仅从以下 3 个方面对其进行校验。

1 手机号码的长度必须是 11 位。

2 手机号码必须由纯数字组成。

3 手机号码的第一个数字必须是 1。

3.6.2 技能提升：滑块校验

素材位置	素材文件 >CH03>3.6.2 技能提升：滑块校验
实例位置	实例文件 >CH03>3.6.2 技能提升：滑块校验 .rp
视频名称	技能提升：滑块校验 .mp4
学习目标	制作滑块校验效果

扫码看视频

（动画 23）

拖曳滑块，当其刚好把背景图填充完整时松开鼠标左键，提示"验证成功！"，否则滑块回到初始位置，如图 3-138 所示（动画 23）。

案例效果

图 3-138

3.6.3 技能提升：制作学生成绩单

素材位置	无
实例位置	实例文件 >CH03>3.6.3 技能提升：制作学生成绩单 .rp
视频名称	技能提升：制作学生成绩单 .mp4
学习目标	制作学生成绩单

扫码看视频

（动画 24）

案例效果

使用中继器元件制作学生成绩单，将 60 分以下的数据填充颜色设置为 #FB1E1D，不透明度设置为 20%，可按分数段筛选，如图 3-139 所示（动画 24）。

所有分数段 ⌄			
序号	姓名	学号	分数
1	陈飞扬	20200101	88
2	李婷	20200102	67
3	顾一凡	20200103	59
4	徐静怡	20200104	93
5	杨磊	20200105	51
6	吴思佳	20200106	88
7	赵泽恒	20200107	91
8	刘明	20200108	78
9	王磊	20200109	76
10	陈莹	20200110	69

图 3-139

第 4 章

让原型设计更加高效

本章先介绍母版的使用方法，
然后讲解如何创建、应用自定义元件库，
最后介绍如何多人合作设计界面原型。
学完本章内容，
读者可以更加高效地使用
Axure RP9 进行原型设计。

X 学习目标　掌握母版的应用　|　掌握自定义元件库的应用
掌握团队项目的应用与团队项目合作的流程

4.1 母版

原型中重复出现的内容可以制作成母版，以减少重复性工作，提高原型的可维护性。这样在提升效率的同时，还保证了产品设计的一致性。

4.1.1 知识导入：如何避免重复工作

在一个复杂的原型项目中，会出现很多重复的页面元素，如头部导航栏、底部版权信息、App 标签栏等，如图 4-1 所示。制作这些重复的内容，有什么操作技巧吗？

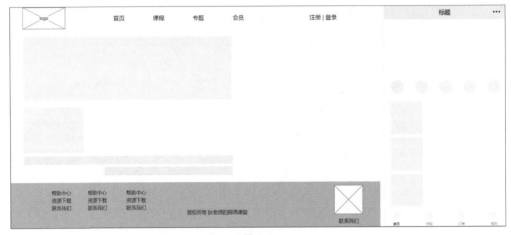

图 4-1

大部分产品新人会认为制作这些内容直接复制、粘贴就可以了，使用快捷键可以在极短的时间内把相同的内容复制到不同的页面，这并不需要什么技巧。没错，这样做确实很方便，而且即便有一些技巧，也是需要去操作的，只要是"操作"就一定有步骤，直接复制、粘贴应该是目前最简单的操作步骤了。

但设计工作不是一成不变的，产品需要不断迭代，如果后期需要修改这些重复的内容，又要如何操作才能做到简单、快捷？此时，简单地复制、粘贴就不太好用了。

为解决这一问题，Axure RP9 提供了母版功能。使用母版功能，可以把相同的页面元素制作成母版，再把母版应用到不同页面，当母版的内容发生变更时，所有应用母版的页面都会自动更新，大大降低了后期原型的维护成本。

在母版中不仅可以进行排版布局，还可以像在普通页面中一样添加交互动作，保证在同一项目中产品设计的一致性。

4.1.2 母版详解

下面从母版创建、母版视图、母版重写、母版引发的事件几个方面来对母版的相关操作进行详细介绍。

1. 创建母版

单击母版功能区中的"添加母版"按钮⊞，即可创建一个新母版，双击该母版名称可以编辑内容，如图 4-2 所示。

母版要应用到不同页面中，但上述方法无法参考页面中其他元件的尺寸和位置，所以一般不使用此法创建母版。在实际场景中，可以先在画布中正常地进行页面排版设计，然后把需要重复显示的元件选中，执行右键菜单命令"转换为母版"，然后给母版命名，这样母版就创建完成了，如图 4-3 所示。

图 4-2

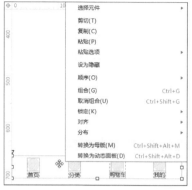

图 4-3

2. 应用母版到页面

（动画 25）

直接把母版拖入普通页面的画布中，即可把母版添加到页面中（动画 25）。

在母版功能区的某个母版名称上执行右键菜单命令"添加到页面中"，在"添加母版到页面中"对话框中选择应用母版的页面、设置位置参数，即可批量应用母版，如图 4-4 所示。

案例效果

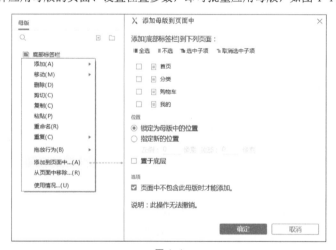

图 4-4

3. 母版的拖放行为

在母版功能区的某个母版名称上执行右键菜单命令"拖放行为"，可以选择 3 种拖放行为，如图 4-5 所示。

任意位置：创建母版后，默认的拖放行为是"任意位置"，可以把母版在页面中随意拖放。

固定位置：把母版拖入页面中，其内容的位置和在母版中的位置保持一致。

脱离母版：选择"脱离母版"后，再把母版拖入页面，则原母版中的内容会变成独立的元件，而不是一个整体，但已经应用过该母版的页面不受影响。

图 4-5

在画布中的母版上执行右键菜单命令"脱离母版"，只是把当前页面的母版转换成独立的元件，其他页面中的母版不受影响，如图4-6所示。

4. 从页面移除母版

在页面画布中，按Delete键即可从当前页面中移除母版。

在母版功能区的某个母版名称上执行右键菜单命令"从页面中移除"，在"从页面中移除母版"对话框中选择从哪些页面中移除该母版，即可批量移除母版，如图4-7所示。

图 4-6

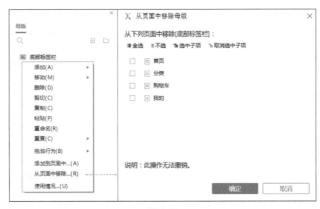

图 4-7

4.1.3 母版视图与重写

母版视图、母版重写都是Axure RP9的新功能，这两种功能在"复用"思想的基础上实现了个性化的母版需求。

1. 母版视图

如果同一个母版有不同的展示形态，可以给母版添加视图。例如把一个弹框制作成母版，有些页面的弹框需要两个操作按钮，有些页面的弹框只需要一个操作按钮，如图4-8所示。在之前的Axure RP版本中，会为这两种弹框制作两个母版，但在Axure RP9中，只需添加母版视图即可用同一个母版完成该操作。

图 4-8

1️⃣ 把"双按钮"弹框制作成母版并打开，在母版的样式功能区中单击"添加母版视图"按钮，将基本视图命名为"双按钮"，接着单击"添加"按钮，设置名称为"单按钮"，继承为"双按钮"，如图4-9所示。

图 4-9

② 此时，画布的标尺上方会显示母版视图的名称，取消勾选"影响所有视图"，然后切换至"单按钮"视图，修改"单按钮"弹框的内容，如图 4-10 所示。

③ 把母版应用到页面后，在样式功能区中可以选择当前页面显示的母版视图，如图 4-11 所示。

图 4-10　　　　　　　　　　　　　　　　　　图 4-11

2. 母版重写

将母版应用到页面后，可以单独修改该页面的母版中所显示的文字和图片，而不会影响原母版中的内容。

◎　当母版中包含图形元件、文本元件、按钮元件，并且这些元件上有文本内容时，可以重写。

◎　当母版中包含图片元件时，无须导入外部图片即可重写。

继续以弹框母版举例说明。同一个弹框母版在不同的页面中，可能会展示不同的文案、不同的图标（即图片），旧版 Axure RP 没有重写功能，需要通过母版引发的事件来制作，操作步骤比较烦琐。在 Axure RP9 中，把弹框母版应用到页面后，可以在样式功能区中单独重写弹框中的文案和图标，简单快捷，如图 4-12 所示。

图 4-12

4.1.4　母版引发的事件

给母版中的元件添加交互后，所有应用了该母版的位置都会同步该交互效果。例如，给弹框母版中的主按钮添加跳转链接动作，其他页面中所有应用了该母版的位置都会跳转至相同的链接。但是，如果同一个弹框母版在页面 A 中单击主按钮会跳转至页面 M，在页面 B 中单击主按钮则会隐藏该弹框，如图 4-13 所示，想要实现这样的效果就需要母版引发的事件。

图 4-13

① 打开弹框母版，在"双按钮"视图下（基本视图）选中主按钮，单击元件交互功能区中的"新建交互"按钮，选择"单击时"，添加"引发事件"动作。单击"添加"按钮，添加一个事件，命名为 primaryBtn，并将其勾选，如图 4-14 所示。

提示

添加事件后，必须勾选事件前方的复选框，否则该动作无效。

图 4-14

② 把弹框母版分别应用到页面 A 和页面 B，然后对母版进行重写，修改两处弹框的文本内容。

③ 在页面 A 中选中弹框母版，单击交互功能区中的"新建交互"按钮，选择 primaryBtn，添加"打开链接"动作，设置链接到为"页面 M"，如图 4-15 所示。

图 4-15

④ 在页面 B 中选中弹框母版，单击交互功能区中的"新建交互"按钮，选择 primaryBtn，添加"显示/隐藏"动作。设置目标为"（弹框母版）/dialog"，状态为"隐藏"，如图 4-16 所示。

提示

将母版中的弹框内容放到一个动态面板中，命名为 dialog，步骤 4 就是隐藏母版中的 dialog。

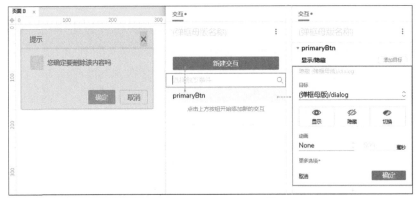

图 4-16

这样，利用模板引发的事件就可以使同一个母版在不同页面中实现不同的交互效果，按 F5 键即可在浏览器中查看原型。

除了在交互编辑器中添加母版引发的事件外，也可以在菜单栏中选择"布局 > 管理母版引发的事件"命令进行添加，如图 4-17 所示。

> **提示**
>
> 必须打开母版并进入母版的画布中，才可使用菜单栏中的"布局 > 管理母版引发的事件"命令。

图 4-17

4.1.5　巩固练习：App 标题栏

素材位置	素材文件 >CH04>4.1.5 巩固练习：App 标题栏
实例位置	实例文件 >CH04>4.1.5 巩固练习：App 标题栏 .rp
视频名称	巩固练习：App 标题栏 .mp4
学习目标	熟练掌握母版的使用

扫码看视频

在每个原型页面中几乎都会出现 App 标题栏，因此非常适合将其制作成母版。虽然每个页面的标题栏在细节上会有区别，但整个结构是一致的，因此可以利用 Axure RP9 中的母版新特性来解决这个问题。

1. 实现效果

下面仅使用一个母版制作 App 顶部标题栏，并分别应用到一级页面和次级页面中，其中一级页面没有"返回"按钮，每个页面的标题文本、图标有所不同，如图 4-18 所示。

图 4-18

2. 制作步骤

❶ 制作"次级标题栏"。使用矩形作为标题栏背景，位置为（0,0），尺寸为 375 像素 ×44 像素，修改其文本为"标题"，命名为 title，可根据喜好自行设置其他样式选项。使用素材文件夹中的"return.png"图片制作"返回"按钮，命名为 back，使用"arrangement.png"图片制作右侧图标，命名为 icon，如图 4-19 所示。

② 给"返回"按钮的"单击时"事件添加"打开链接"动作，链接到"返回上一页"，如图 4-20 所示。

③ 把"次级标题栏"中的所有元件全部选中并转换为动态面板，勾选"固定到浏览器窗口"，水平固定到"左侧"，垂直固定到"顶部"，如图 4-21 所示。

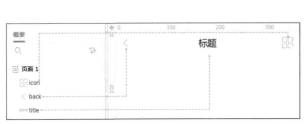  

图 4-19 图 4-20 图 4-21

④ 选中整个动态面板，执行右键菜单命令"转换为母版"，在"创建母版"对话框中设置新建母版名称为"标题栏"，如图 4-22 所示。

图 4-22

⑤ 进入"标题栏"母版的画布中，在样式功能区中单击"添加母版视图"按钮，在"母版视图"对话框中先将基础视图命名为"次级标题栏"，然后添加新视图"一级标题栏"，继承于"次级标题栏"，如图 4-23 所示。

> **提示** ▼
>
> 因为"次级标题栏"比"一级标题栏"的元件数量多(多了"返回"按钮)，所以把"次级标题栏"作为母版的基础视图。

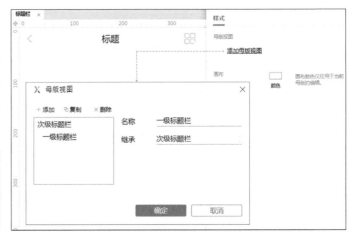

图 4-23

⑥ 进入"一级标题栏"视图，删除或隐藏"返回"按钮，并取消勾选"影响所有视图"，如图 4-24 所示。

图 4-24

⑦ 把母版分别应用到两个不同的页面中，本案例以"商品列表"和"商品详情"页面为例。在"商品

列表"页面中，选择母版视图为"一级标题栏"，重写 title 矩形（即显示标题的矩形）为"商品列表"。在"商品详情"页面中，选择母版视图为"次级标题栏"，重写 title 矩形为"商品详情"，重写 icon 图片为"share.png"，如图 4-25 所示。接下来可以随意布局页面的主体内容。

图 4-25

这样，两种页面的标题栏就使用同一个母版制作完成了，按 F5 键即可在浏览器中查看原型。

4.2　自定义元件库

除 Axure RP9 自带的元件库外，还可以自己制作新的元件库，或者直接使用别人分享的第三方元件库，从而简化操作、保证规范、提升效率。

4.2.1　知识导入：导入外部元件库

随着原型制作经验的增长，各位读者可能已经能够体会到，Axure RP9 自带的元件库有时不能完全满足工作需要，互联网上有很多已经制作好的第三方元件库可供使用，读者也可以自己制作自定义元件库。本书提供了两个元件库，各位读者可以从随书资源库中自行下载，然后导入 Axure RP9 软件。

❶ 单击元件功能区中的"添加元件库"按钮＋，即可从外部导入元件库，并在切换元件库的下拉列表中找到导入的元件库，如图 4-26 所示。

❷ 把自定义元件库中的元件拖入画布即可使用。

图 4-26

4.2.2　自定义元件库的基本介绍

Axure RP9 自带的元件库中的元件是组成页面最基础的元素，例如图形元件、文本元件、图片元件，它们都不能够继续拆分，因此每次都用这些最基础的元件从零开始搭建原型未免有些浪费时间。为了提升工作效率，可以把原型项目中常用的功能组件制作成新的元件库，例如导航菜单、开关、弹出层、筛选搜索组合等，这样就可以直接从自定义元件库中把整个组件拖入画布，无须每次重新制作。另外，还可以给自定义元件库中的元件添加交互效果，例如，开关元件的状态切换效果、弹出层元件的关闭效果等。

自定义元件库文件的扩展名是.rplib，使用 Axure RP8 和 Axure RP9 均可打开和使用自定义元件库，但自定义元件库如果是使用 Axure RP9 的新特性来制作的，那么在旧版本软件中打开或使用可能会存在一定的问题。

自定义元件库与母版都可以"复用"，二者有什么区别呢？自定义元件库是一个独立的文件，它方便复制、分享，可以跨项目使用，而母版只作用于当前项目。

4.2.3 自定义元件库的制作和使用

本小节从自定义元件库的制作、添加和移除，以及云端元件库几个方面来介绍自定义元件库的相关操作技能。

1. 制作自定义元件库

1️⃣ 选择菜单栏中的"文件 > 新建元件库"命令，新建一个元件库项目，此时原来显示页面列表的位置就会显示为元件列表，并默认添加一个名称为 Widget 1 的自定义元件，如图 4-27 所示。

图 4-27

2️⃣ 从已有元件库中将元件拖入画布，制作所需的新元件，其内容排版、设置样式、添加交互等操作与普通原型项目一致，如图 4-28 所示。

图 4-28

3️⃣ 在元件列表中，可以把元件放到不同的文件夹中，文件夹名称就是元件的分类，如图 4-29 所示。

4️⃣ 选择菜单栏中的"文件 > 保存"命令，或按组合键 Ctrl+S，给元件库命名，保存当前元件库。

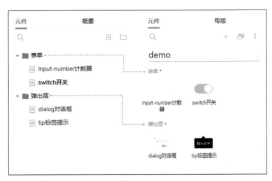

2. 添加自定义元件库

图 4-29

除了 4.2.1 小节中讲解的方法外，还可以通过如下方法添加自定义元件库。

Windows 系统中，在计算机桌面上的 Axure RP9 图标上执行右键菜单命令"属性"，查看 Axure RP9 的安装位置，如图 4-30 所示。然后在资源管理器中找到该位置，接着依次打开"DefaultSettings\Libraries"

目录，把扩展名为 .rplib 的元件库文件放到该目录下，再重启 Axure RP9 软件，即可看到新元件库。

Mac OS 中，打开应用程序文件夹，在 Axure RP9 图标上执行右键菜单命令"显示包内容"，如图 4-31 所示。然后依次打开"Contents/Resources/DefaultSettings/Libraries"目录，把后缀名为 .rplib 的元件库文件放到该目录下，再重启 Axure RP9 软件，即可看到新元件库。

图 4-30

图 4-31

此外，Axure RP9 还新增了图片元件库功能。先把常用的图片整理到本地文件夹中，然后单击元件库功能区中的"添加图片文件夹"按钮 🗂，找到本地图片文件夹，即可添加图片元件库，如图 4-32 所示。

3. 移除自定义元件库

切换至要移除的元件库，单击"选项"按钮，在弹出的菜单中选择"移除元件库"命令，如图 4-33 所示。

移除某个元件库后，只是在 Axure RP9 中不能使用该元件库，并不会在计算机中删除该元件库文件。

图 4-32

4. 云端元件库

元件库制作完成后，可以上传至 Axure Cloud（Axure 云），此后在任何一台计算机上登录 Axure 账号，均可在元件库的下拉列表中加载该元件库，如图 4-34 所示。

图 4-33

图 4-34

4.2.4 工作技巧：自定义元件库的应用场景

制作自定义元件库的目的是提升工作效率，那么哪些类型的元件库可以更好地服务于产品设计工作呢？

产品经理的主要工作精力通常都会放在业务逻辑上，不会过多关心页面的视觉元素。对于中台和后台产品经理来说，Web端管理页面的结构是有固定模式的，可以把通用组件制作成元件库。这种元件库可以不加入视觉元素，只需按照低保真原型的标准制作即可，也可以按照某种UI框架的样式制作。有些中小型团队不会自己设计Web端管理页面的样式，而是使用某种现成的UI框架，而现成的UI框架中的某一种组件会有不同的样式，如果靠开发人员自己选择要使用哪种样式的组件，那么最终形成的页面可能不美观、不协调，也可能会违背产品设计的一致性原则，无形中降低了开发人员的工作效率。因此，直接按照UI框架的样式制作元件库，然后产品经理在使用时直接选择适合的组件样式，是一种对中小型团队来说很高效的工作方式。

Web端管理页面的常用组件可以参考如下内容。

◎ 导航：水平导航菜单、垂直导航菜单、面包屑导航、选项卡。

◎ 按钮：默认按钮、主要按钮、警告按钮、危险按钮、带图标的按钮。

◎ 表单：必填表单、选填表单、单选按钮组、复选框、下拉列表、双列选择器、计数器、开关、滑块。

◎ 数据：常规列表、固定字段列表、页码、筛选和搜索组合。

◎ 弹出层：基本弹框、操作弹框、toast提示框、tip提示框。

◎ 其他：加载标识、进度条、折叠面板。

对于移动端界面原型（如App、小程序、H5等），由于不同产品、不同项目会有个性化的视觉体验，因此元件库一般不会过度设计，常用组件可以参考如下内容。

◎ 提示：红点、数字提示、标签。

◎ 导航：状态栏、导航栏、次级导航栏、搜索栏、搜索输入栏、底部标签栏、选项卡。

◎ 按钮：默认按钮、主要按钮、警告按钮、危险按钮、带图标的按钮。

◎ 表单：开关、滑块、选择器、计数器、表单输入、表单选择、上传图片。

◎ 列表：文字列表、图文列表、操作列表。

◎ 弹出层：基本弹框、侧滑弹窗、toast提示框、运营弹窗。

除移动端通用组件外，也可以按照产品的业务类型制作元件库。例如，团队主要开发电商App，那么就可以把轮播图、优惠券、购物车、会员卡、评价评分等常用的业务组件按照主流的形式制作成元件库。虽然不同产品会有不同的个性化需求，但核心内容一般不变，因此在使用时只需进行简单的修改即可。

本书提供了两个元件库，各位读者可以从随书资源中自行下载。

4.3　团队项目

Axure RP9 的团队项目功能让多人共同完成界面原型设计成为可能，团队项目功能与 Axure 云的结合，让团队的每个成员都能及时获取界面原型的最新动态。

4.3.1　知识导入：团队项目合作

请读者思考：假如需要多个成员共同完成界面原型设计，该如何进行合作呢？传统的方法需要团队成员把扩展名为 .rp 的项目文件复制或通过网络传输到某一个成员的计算机上，然后再集中进行内容的合并。如果每位成员分别完成不同的原型页面，在合并时不会有太大的问题，只是在操作时会比较烦琐，需要非常细致才能避免出现差错。但如果多位成员共同设计或修改了同一个页面，那么就很难把各方的成果合并到一起，并且在把原型进行合并后，还需要把最新的项目文件分别发送给每一位成员，效率十分低下。

使用 Axure RP9 的团队项目功能可以完美解决上述问题，它需要 Axure 云的支持。Axure RP9 团队项目功能的工作原理如下：在 Axure 云服务器上创建一个团队工作空间，把界面原型以团队项目文件的形式上传到该空间，每位成员在制作原型前先从 Axure 云服务器上获取最新版本的界面原型，然后在本地编辑，最后提交更新至 Axure 云服务器进行项目合并，如图 4-35 所示。

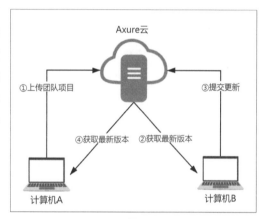

图 4-35

4.3.2　创建团队项目

1 在浏览器中打开 Axure 云官方网站，登录 Axure 云账号，单击页面左侧的"添加"按钮⊕，输入工作空间名称和其他成员的 Axure 云账号，单击"Create Workspace"按钮新建工作空间，如图 4-36 所示。

图 4-36

②其他成员在登录 Axure 云账号后，就会看到受邀提示，单击"Accept and View Workspace"按钮即可进入团队工作空间，如图 4-37 所示。

③在团队工作空间中，可以看到团队成员的账号，也可以继续邀请其他成员加入，如图 4-38 所示。

图 4-37 　　　　　　　　　　　图 4-38

④在 Axure RP9 中登录 Axure 云账号，创建团队项目。选择菜单栏中的"文件 > 新建团队项目"或"团队 > 从当前文件创建团队项目"命令，输入团队项目名称，单击"已存在的工作空间"按钮，找到刚刚创建的工作空间，如图 4-39 所示。

图 4-39

⑤团队项目创建成功后，只存储在 Axure 云服务器中，此时还需要单击"保存团队项目文件"按钮，把团队项目文件存储至本地计算机，文件扩展名为 .rpteam，如图 4-40 所示。

⑥可以单击"打开团队项目文件"按钮，也可以继续邀请用户或创建 URL 公布，如图 4-41 所示。

图 4-40 　　　　　　　　　　　图 4-41

4.3.3　获取团队项目

①团队其他成员在 Axure RP9 中登录 Axure 云账号，选择菜单栏中的"文件 > 获取并打开团队项目"或"团队 > 获取并打开团队项目"命令，单击"获取团队项目"按钮，即可获取 Axure 云服务器中最新版本的团队项目文件，如图 4-42 所示。

②获取团队项目成功后，还需单击"保存团队项目文件"按钮，才能在本地计算机上编辑项目文件，如图 4-43 所示。

图 4-42　　　　　　　　　　　　　　　　　　　　　　　　图 4-43

4.4 团队合作流程

　　Axure RP9 制定了团队项目的工作流程，解决了多人合作中可能存在的版本冲突问题。当项目出现意外时，还可以通过版本管理，回溯某个历史版本。

4.4.1　知识导入：合作流程说明

　　前面提到，如果任由多位成员随意编辑同一个页面，就会很难合并内容。当各位成员把自己的成果各自上传到 Axure 云服务器后，服务器无法判断应以哪位成员提交的为准，就会产生版本冲突的问题，如图 4-44 所示。

　　Axure RP9 提供的解决方案如下：同一个页面在同一时间只能由一位成员编辑。如果其他人要编辑该页面，则第一人必须先将修改后的内容提交至 Axure 云服务器并释放编辑权限。这样一来，该页面的最新版本已经被上传到云端，其他成员的修改是在该版本基础上进行的，从而避免了版本冲突的问题，如图 4-45 所示。

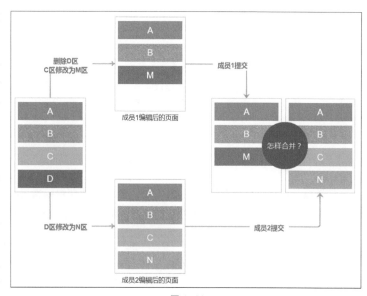

图 4-44

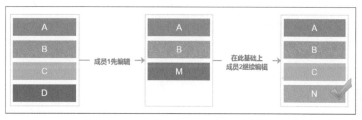

图 4-45

4.4.2 签入和签出、获取和提交变更

团队成员想编辑已有页面时，需先把该页面"签出"，即获得对该页面的编辑权限，使其他成员不能编辑该页面。页面签出后，页面列表中的图标变为 ◔ 。常用的操作方法如下。

方法1： 打开需要编辑的页面，将鼠标指针移入画布，单击画布右上角的"签出"按钮，如图4-46所示。

方法2： 在页面功能区中的页面上执行右键菜单命令"签出"，如图4-47所示。

图4-46   图4-47

团队成员编辑完成后，需要把页面"签入"，即提交最新内容至Axure云服务器并释放编辑权限，其他成员即可获取最新版本，并可以继续编辑该页面。页面签入后，页面列表中的图标恢复为 ◆ 。常用的操作方法如下。

方法1： 在页面功能区中的页面上执行右键菜单命令"签入"，选填签入说明，说明中可以填写本次提交的概要，方便进行版本管理，如图4-48所示。

方法2： 选择菜单栏中的"团队>签入全部"命令，可以一次性签入所有未签入的页面，如图4-49所示。

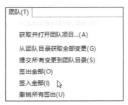

图4-48   图4-49

团队成员如果只想查看最新的原型项目，则不需要获得编辑权限，可以选择菜单栏中的"团队>从团队目录获取全部变更"命令，也可以在页面功能区中的页面上执行右键菜单命令"获取变更"，如图4-50所示。

团队成员如果只想提交修改的内容，不想释放编辑权限，可以选择菜单栏中的"团队>提交所有变更到团队目录"命令，也可以在页面功能区中的页面上执行右键菜单命令"提交变更"，如图4-51所示。

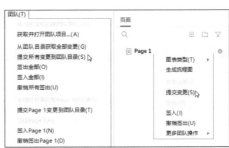

图4-50   图4-51

添加新页面后，新页面在页面功能区中的图标为 ✦，只能进行"签入"操作，不能执行"提交变更"命令，当执行"签入全部"命令时，也不包含新页面。

4.4.3　工作技巧：通过团队项目文件实现版本管理

每次"签入"和"提交变更"操作都会形成一个历史版本，并保存在 Axure 云服务器，选择菜单栏中的"团队 > 浏览团队项目历史记录"命令，即可在浏览器中查看项目历史版本，如图 4-52 所示。

每个历史版本都有版本号、更新时间、更新人、更新说明等，可以单击"Download"按钮下载对应的版本，下载的文件为扩展名为 .rp 的个人项目文件，如图 4-53 所示。

图 4-52　　　　　　　　　　　　　　　　　　　　图 4-53

如果界面原型只由一个人完成，但也想进行版本管理，可以通过创建团队项目来实现。

4.5　技能提升

本章最后准备了两个技能提升案例练习，读者可以在空余时间做一做，在巩固本章知识的同时，也可以提升实战技能。

4.5.1　技能提升：制作 App 底部标签栏

素材位置	素材文件 >CH04>4.5.1 技能提升：制作 App 底部标签栏
实例位置	实例文件 >CH04>4.5.1 技能提升：制作 App 底部标签栏（1）/（2）.rp
视频名称	技能提升：制作 App 底部标签栏 .mp4
学习目标	制作 App 标签栏

扫码看视频

可以使用两种方法制作 App 底部标签栏的切换效果，单击标签可以跳转页面，并且该标签被选中，如图

4-54 所示（动画 26）。

（动画 26）

方法 1： 使用母版引发的事件制作。

方法 2： 使用情形和条件制作。

案例效果

图 4-54

4.5.2 技能提升：把常用组件做成元件库

素材位置	无
实例位置	无
视频名称	技能提升：把常用组件做成元件库 .mp4
学习目标	把常用组件做成元件库

扫码看视频

按照 4.2.4 小节中介绍的常用组件分类，制作自定义元件库。

Axure RP9

第5章

撰写
产品文档

本章先介绍流程图的画法，再讲解标记元件的
使用，尤其是使用页面快照绘制页面流程图，最后介绍
如何在说明功能区中添加产品说明。
学完本章内容，读者可以灵活使用多种形式
撰写可读性很高的产品文档。

X **学习**　掌握流程图的画法　│　掌握标记元件的使用
　目标　熟悉撰写产品文档的思路

5.1 　知识导入：辅助说明产品逻辑

虽然通过界面原型能够非常直观地沟通产品需求，且其可浏览性强，但仅靠界面原型并不能完全清晰地表达产品的逻辑和细节。

例如，表单中数据的填写限制并不一定能够在界面原型中完整体现，虽然做了提示性的交互效果，但查看原型的人可能不会触发交互，这样就会造成信息传递的遗漏，增加沟通成本。

例如设置状态功能，当把状态设为启用或禁用后会影响哪些业务或功能，界面原型就无法体现。

因此，在产品设计中，还需配合文字说明、标注、流程图对产品的业务逻辑、功能逻辑和页面逻辑加以说明，这些内容是产品需求文档（PRD）的重要组成部分。一份优秀的产品需求文档可以提升整个团队的工作效率和工作质量，是开发和测试产品的重要依据。本章将介绍如何利用 Axure RP9 撰写产品文档。

5.2 　流程图元件

Flow 元件库中包含各种流程图元件。流程图可以让复杂的业务逻辑变得条理清晰，配合界面原型可以起到辅助说明的作用。

5.2.1 　流程图形状的含义

每个流程图形状都有专属含义，在绘制流程图时要尽可能地遵守这些通用的使用规范。Axure RP9 的 Flow 元件库中提供了三十多种流程图形状，此处只介绍在表达软件产品逻辑时比较常用的几种。

- ◎ 圆角矩形：表示流程的开始或结束。
- ◎ 矩形：表示要执行的动作。
- ◎ 菱形：表示决策或判断。
- ◎ 平行四边形：表示数据的输入或输出。
- ◎ 文件：表示以文件的方式输入或输出。
- ◎ 括弧：注释或者说明，也可以用于条件叙述。
- ◎ 圆形：表示交叉引用。
- ◎ 角色：表示执行流程的角色。
- ◎ 数据库：表示系统的数据库。
- ◎ 箭头：表示执行的方向（箭头不在元件库中，需要使用连接线自行绘制）。

5.2.2　绘制流程图

下面以一个简单的登录业务流程图为例，如图 5-1 所示。

1 先思考有哪些动作节点，有几个流程分支，然后使用 Flow 元件库中的元件排列各个节点的位置。

2 单击工具栏中的"连接"工具，将鼠标指针悬停在某个流程图元件上，此时元件四周会出现连接点，拖曳鼠标连接两个元件之间的连接点，即可添加连接线，如图 5-2 所示。

3 第一次添加的连接线没有箭头，选中连接线，单击工具栏中的"箭头样式"按钮，即可修改连接线箭头的样式，如图 5-3 所示。

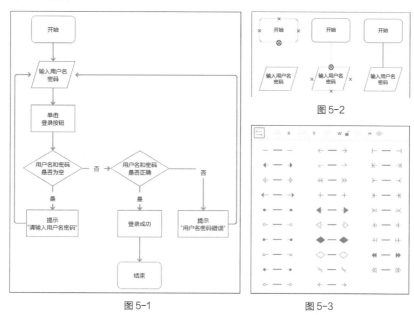

图 5-1

图 5-2

图 5-3

5.3　标记元件

使用标记元件，可以直接在界面原型旁边添加标注说明，图文结合，便于浏览，有助于项目参与人领会原型的细节和注意事项。

5.3.1　便签和标记元件

在 Default 元件库中，有便签元件（4 种）、圆形和水滴标记元件，可以直接在原型上标记并撰写备注，如图 5-4 所示。

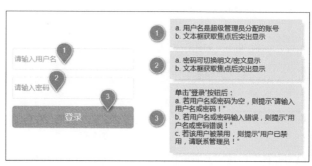

图 5-4

5.3.2 页面快照

页面快照元件可以显示页面的预览图，当页面内容发生改变时，页面快照也会自动更新。双击画布中的页面快照元件，即可引用页面或母版，在默认状态下，预览图按照页面快照的尺寸等比例缩放，取消勾选元件样式功能区中的"适应比例"，可设置偏移量和缩放比例，如图5-5所示。

图5-5

页面快照的常见应用场景是制作页面流程图，流程图中箭头的起点一般是页面中的点击区域，例如按钮、链接、图片等，箭头的终点一般是跳转的页面，如图5-6所示。

图5-6

使用工具栏中的"连接"工具，可以把多个页面快照连接在一起，但如何修改箭头的起点和终点呢？在页面快照上执行右键菜单命令"编辑连接点"，即可拖曳已有连接点，改变其位置，在页面快照上单击，即可新增连接点，如图5-7所示。

在图5-6中，第一个和第四个页面节点引用的是同一个页面，该页面的错误提示信息是隐藏的，需要触发页面中的交互才会显示。那么如何在页面快照中触发交互呢？选中页面快照，单击元件样式功能区中的"执行动作"按钮，添加"出错提示面板"即可，如图5-8所示。

当需要在页面快照中改变引用页面的默认展示效果的时候，例如显示/

图5-7

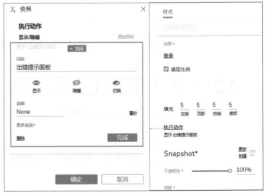

图5-8

隐藏元件、切换动态面板状态等，都可以采用上述操作。

5.4　说明功能区

利用 Axure RP9 的说明功能区，可以为页面或元件添加说明。已添加说明的元件，画布上会显示数字脚注，与说明信息相对应。在浏览器中查看原型时，单击"Documentation"按钮 ▤，既可查看说明，也可以单击数字脚注查看说明，如图 5-9 所示。

图 5-9

单击说明功能区的"设置"按钮 ⚙，打开"说明字段设置"对话框，在此可以自定义页面说明和元件说明的字段信息，如图 5-10 所示。

图 5-10

可以添加元件字段集，在字段集中关联多个元件说明字段。在说明功能区，可以通过下拉菜单切换字段集，如图 5-11 所示。

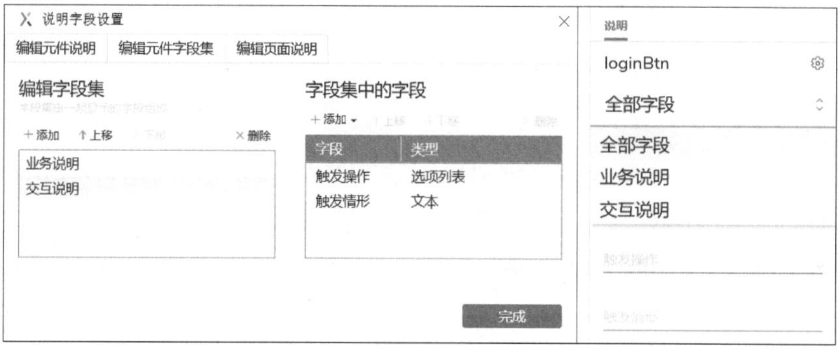

图 5-11

5.5 巩固练习：撰写修改手机号的交互说明

素材位置	无
实例位置	无
视频名称	巩固练习：撰写修改手机号的交互说明 .mp4
学习目标	锻炼撰写产品交互说明的思维

扫码看视频

方案一： 在页面上显示加密的原手机号，先获取原手机号的验证码，验证通过后，输入新手机号和验证码，再次验证通过后，修改成功。当原手机号已经被销号或被运营商重新售卖后，用户无法获取原手机号的验证码，此时就需要人工申诉和客服介入。

方案二： 同时输入原手机号和新手机号，并验证原手机号的正确性，验证通过后，获取新手机号的验证码，再次验证通过后即可修改成功。

以方案二为例，撰写修改手机号的产品说明，页面流程如图 5-12 所示。

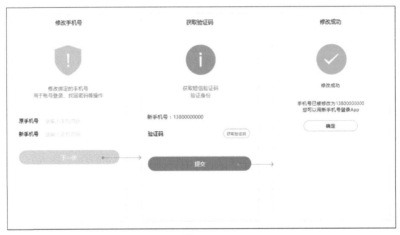

图 5-12

此处仅列举几条说明范本，撰写说明的形式不限，具体的说明文案也不限，能清晰表达即可。

1️⃣ 默认禁用"下一步"按钮，当原手机号和新手机号文本框均不为空时，启用"下一步"按钮。

2️⃣ 单击"下一步"按钮，原手机号和新手机号均无误时，按流程图跳转页面。

3️⃣ 单击"下一步"按钮时的异常流程。

①原手机号错误时，显示错误提示。

②原手机号和新手机号相同时，显示错误提示。

③新手机号已经绑定用户，显示错误提示。

4️⃣ 单击"获取验证码"按钮获取短信验证码后，该按钮禁用，显示 60 秒倒计时，倒计时结束后该按钮重新启用，验证码 5 分钟内有效。

5️⃣ 单击"提交"按钮时，若验证码输入错误，则显示错误提示，若验证码验证通过，则手机号修改成功。

5.6　工作技巧：如何撰写精彩的 PRD

PRD（Product Requirement Document）是产品需求文档的英文简称，本章前面已经介绍了撰写说明文档的几种形式，那么说明文档包括哪些内容呢？

1. 产品概述

概括说明这是一款什么类型的产品，能够解决用户的哪些问题。

2. 产品结构图

产品结构图一般以思维导图的形式，罗列产品的功能模块和数据信息，内容不需要很详细，只需让文档阅读者有一个宏观感受即可。

3. 全局说明

主要介绍产品全局性、通用性的功能，例如分页、导航，打开新页的方式、手势等；还可以对产品中的用户角色和业务中的专业名词进行解释。

4. 流程图

流程图一般在设计界面原型之前进行绘制，用以辅助产品经理梳理业务、避免设计上的漏洞，也可以帮助文档阅读者更好地理解复杂的业务需求；在 PRD 中，可以将流程图单独设置为一个模块，也可以配合功能描述使用。

5. 功能描述

功能描述是 PRD 的主体部分，包括详细的功能说明、业务规则、正常 / 异常业务流程、原型图 / 效果图。

◎　功能说明：描述要实现的功能。

◎　业务规则：例如文本框的输入类型、长度，时间筛选的范围、页面跳转的规则、元件的默认状态等。

◎　正常 / 异常业务流程：一个正常业务流程中往往包含多个异常业务流程，要把异常处理方式和产品的反馈描述清楚，可以配合流程图进行说明。

◎　原型图/效果图: 图文配合,增强可读性。

PRD 可以使用传统 Word 文档的形式撰写，但它有一些弊端：一是原型图 / 效果图一旦发生变更，还需要重新插入文档中，否则原型图 / 效果图的内容就会和文档不一致，造成错误；二是 Word 文档一旦发生变更，团队成员无法方便地获取更新。

现在，越来越多的项目团队把 PRD 中的内容直接放到 Axure RP9 绘制的原型图中，把原型页面左侧的页面列表（站点地图）作为文档目录，在画布中撰写文档正文，如图 5-13 所示。

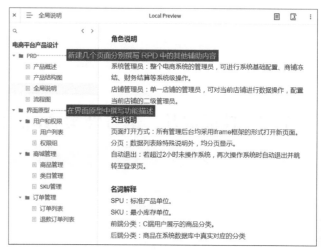

图 5-13

还可以使用页面快照绘制页面流程图，然后在每个流程图节点的下方撰写说明文档，如图5-14所示。

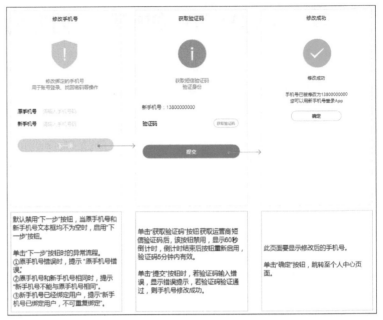

图 5-14

5.7 技能提升

本章最后准备了两个技能提升案例练习，读者可以在空余时间做一做，在巩固本章知识的同时，也可以提升实战技能。

5.7.1 技能提升：绘制外卖 App 核心业务流程图

扫码看视频

设计一款某连锁快餐品牌商家的自营外卖系统，该品牌有多个店铺，每家店铺有自己的配送范围。系统包括商家后台、买家 App 和配送员 App 共 3 个终端，请绘制从商家营业、买家下单，到最终订单完成的核心业务流程图。

5.7.2 技能提升：撰写外卖 App 下单功能产品说明文档

扫码看视频

根据 5.7.1 小节的流程设计，绘制几张用户选择商品、下订单和支付过程的低保真线框图，并撰写产品说明文档。

第6章

6

综合
案例

本章列举了两个移动端、一个 Web 端综合案例进行实战练习，案例中选取的是比较有代表性的页面或交互。本章的内容综合性较强，请读者在开始学习之前，先巩固之前学习的内容，夯实基础。本章案例建立在读者已经掌握了 Axure RP 9 的基本技能的基础上，因此会适当简化一些基础操作的描述和配图。

X 学习
目标

综合运用各类知识和技能，制作高保真原型
培养高保真交互效果的制作思路

6.1 综合案例：购物会

素材位置	素材文件 >CH06>6.1 综合案例：购物会
实例位置	实例文件 >CH06>6.1 综合案例：购物会 .rp
视频名称	综合案例：购物会（1）（2）（3）（4）.mp4
学习目标	制作唯品会中几个典型的交互效果

扫码看视频　扫码看视频　扫码看视频　扫码看视频

本案例以购物 App 为例，制作电商类产品中的商品详情页、购物车和个人中心的主要交互效果，如图 6-1 所示。本案例所有页面的尺寸均为 375 像素 ×667 像素，即 iPhone 8 的尺寸。

图 6-1

6.1.1 锚点标签

锚点原本是网页制作中超链接的一种，在 App、小程序制作中也有广泛的应用。

1. 实现效果

当商品详情页滚动到商品（主图）、推荐和详情的位置时，依次选中顶部的标签，使其高亮显示，如图 6-2 所示（动画 27）。

（动画 27）

案例效果

图 6-2

2. 制作步骤

1️⃣ 按照效果图或自己喜欢的样式对商品详情页进行排版。页面的标题栏、顶部标签栏、底部按钮区均为动态面板，并固定在浏览器的顶部或底部。将顶部标签栏的动态面板命名为 tabs，内部的 3 个标签分别命名为 goodsTab、recommendTab 和 detailsTab，将商品（主图）命名为 goodsImage，将"推荐"小标题命名为 recommend，将"详情"小标题命名为 details，如图 6-3 所示。

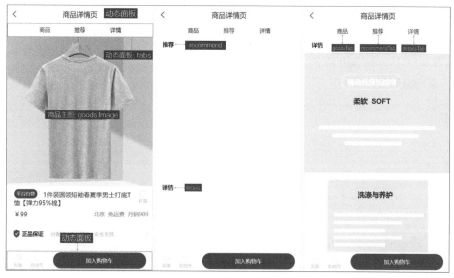

图 6-3

2️⃣ 设置顶部标签栏中的"商品""推荐"和"详情"标签选中时的交互样式。同时选中这 3 个标签，单击元件交互功能区中的"新建交互"按钮，选择"选中"，设置字色为 #DE3D96，如图 6-4 所示。

图 6-4

3️⃣ 默认"商品"标签是高亮状态。选中"商品"标签，在元件交互功能区中勾选"选中"，如图 6-5 所示。

图 6-5

4 当商品主图 goodsImage、"推荐"小标题 recommend、"详情"小标题 details 分别接触顶部标签栏 tabs 时，分别设置对应的标签为选中状态，此时就需要为页面的"窗口滚动时"事件添加交互。

添加情形 1 并设置条件参数为"元件范围""goodsImage""接触""元件范围""tabs"，添加"设置选中"动作，目标为 goodsTab。

添加情形 2 并设置条件参数为"元件范围""recommend""接触""元件范围""tabs"，添加"设置选中"动作，目标为 recommendTab。

添加情形 3 并设置条件参数为"元件范围""details""接触""元件范围""tabs"，添加"设置选中"动作，目标为 detailsTab。交互动作如图 6-6 所示。

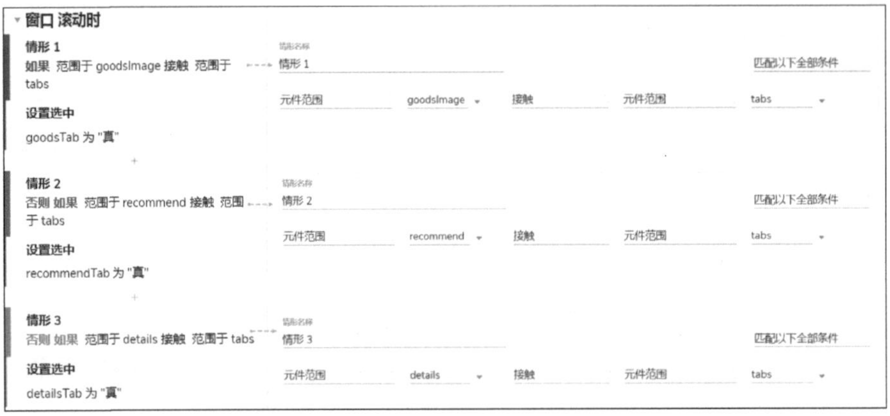

窗口 滚动时					
情形 1 如果 范围于 goodsImage 接触 范围于 tabs	情形名称 情形 1				匹配以下全部条件
	元件范围	goodsImage ▾	接触	元件范围	tabs ▾
设置选中 goodsTab 为 "真"					
	+				
情形 2 否则 如果 范围于 recommend 接触 范围于 tabs	情形名称 情形 2				匹配以下全部条件
	元件范围	recommend ▾	接触	元件范围	tabs ▾
设置选中 recommendTab 为 "真"					
	+				
情形 3 否则 如果 范围于 details 接触 范围于 tabs	情形名称 情形 3				匹配以下全部条件
	元件范围	details ▾	接触	元件范围	tabs ▾
设置选中 detailsTab 为 "真"					

图 6-6

这样，这一小节的交互效果就制作完成了，按 F5 键即可在浏览器中查看原型。当页面滚动到商品、推荐和详情的位置时，对应的标签会变成高亮选中状态。

6.1.2 滚动展示商品购买记录

在电商类产品中，实时展示购买记录是一种很流行的设计，可以提升用户对产品的信任感。

1. 实现效果

在商品详情页滚动展示商品购买记录，每次展示两条，每隔两秒上移一条，如图 6-7 所示（动画 28）。

（动画 28）

案例效果

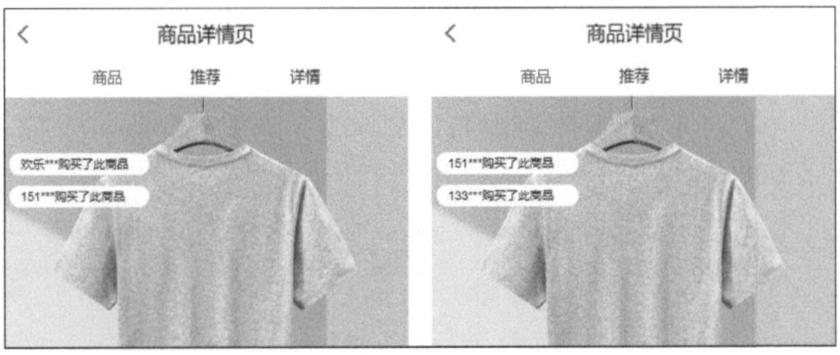

图 6-7

2. 制作步骤

1 将动态面板拖曳至商品大图左侧偏上的位置，尺寸为 160 像素 ×70 像素，取消勾选"自适应内容"。双击进入动态面板编辑区域，使用多个矩形，尽可能制作多个商品购买记录，每个矩形的尺寸均为 130 像素 × 20 像素，每个矩形之间的垂直间距为 10 像素，其中第一个矩形的坐标为（5, 10）。把所有矩形组合并命名为

record，如图 6-8 所示。

图 6-8

② 在页面刚刚载入完成时，先等待两秒，然后把整个 record 组合向上移动，移动的距离是"一条购买记录的高度 + 垂直间隔"，即"20 像素 +10 像素"，然后循环执行上述动作。给"页面载入时"事件添加交互，先添加"等待"动作，设置时长 2000 毫秒。再添加"移动"动作，设置目标为 record，移动类型选择"经过"，y 轴方向移动 -30 像素，动画为"线性"，时长 500 毫秒。接着添加"触发事件"动作，设置目标为"页面"，事件为"页面载入时"，如图 6-9 所示。

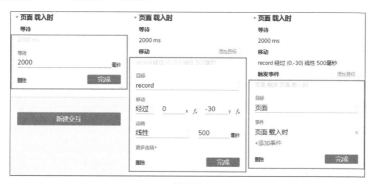

图 6-9

这样，滚动展示购买记录的效果就制作完成了，按 F5 键即可在浏览器中查看原型。

6.1.3　计算购物车商品价格

App 中的购物车是受到了线下超市购物车的启发而设计的，实现了统一结算、折扣优惠等功能。

1. 实现效果

增减购物车中的商品数量、移除购物车中的商品时，自动计算商品的合计价格。商品数量最少为一件，否则弹框提示，如图 6-10 所示（动画 29）。

（动画 29）

案例效果

图 6-10

2. 制作步骤

1️⃣ 使用中继器元件制作购物车中的商品列表。将中继器命名为 shoppingCar，中继器的项目排版、元件命名、数据集和交互动作如图 6-11 所示。

图 6-11

2️⃣ 页面底部"合计"的初始价格与购物车中的初始数量的商品总价格保持一致。若此处每个商品的初始数量均为 1 件，则文本为"合计：￥150"（计算方法：40×1+50×1+60×1=150）。把"合计"文本标签命名为 total，设置为"右侧对齐"，并适当增加元件的宽度，如图 6-12 所示。

> **提示**
>
> 必须适当增加 total 的元件宽度，否则当合计价格的位数增加时，很可能会换行显示，影响美观。

图 6-12

3️⃣ 使用动态面板元件制作弹框，将其命名为 toast，设置其在浏览器中水平、垂直居中，并设置其状态为"隐藏"，如图 6-13 所示。

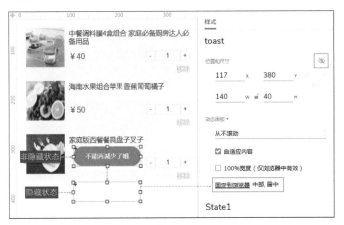

图 6-13

下面添加交互。单击"加号"按钮，增加对应商品的数量，重新计算合计价格。

4️⃣ 给"加号"按钮的"单击时"事件添加"设置文本"动作，设置目标为 number，设置为为"文本"。单击"fx"按钮，添加局部变量，设置参数为"numberLVAR""元件文字""number"，输入值"[[numberLVAR+1]]"，如图 6-14 所示。

5️⃣ 在"设置文本"动作上添加目标，设置目标为 total，设置为为"文本"。单击"fx"按钮，添加局部变量，设置参数为"totalLVAR""元件文字""total"，输入值"合计：￥[[totalLVAR.slice(4)+Item.price]]"，如图 6-15 所示。

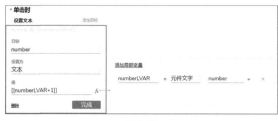

图 6-14

图 6-15

单击"减号"按钮，当商品数量大于 1 时，可以把对应商品的数量减少 1，并重新计算合计价格。当商品数量等于 1 时，显示弹框，两秒后弹框逐渐消失。

⑥ "减号"按钮的交互动作与"加号"按钮的原理相同，但需设置两种情形，交互列表如图 6-16 所示。

⑦ 显示两秒后，弹框逐渐消失。给 toast 动态面板的"显示时"事件添加"等待"动作，设置等待 2000 毫秒。继续添加"显示/隐藏"动作，设置目标为"当前"，状态为"隐藏"，动画为"逐渐"，时长为 500 毫秒，如图 6-17 所示。

图 6-16

图 6-17

单击"移除"按钮，将该商品从购物车中移除，并且重新计算合计价格。

⑧ 给"移除"按钮的"单击时"事件添加"设置文本"动作，设置目标为 total，设置为为"文本"。单击"fx"按钮，添加两个局部变量，设置参数分别为"totalLVAR""元件文字""total"和"numberLVAR""元件文字""number"，接着输入值"合计：¥[[totalLVAR.slice(4) − Item.price*numberLVAR]]"，如图 6-18 所示。

提示 ▼

移除商品后重新计算合计价格的算法是：当前合计价格 − 所选商品的单价 × 所选商品的数量，即 [[totalLVAR.slice(4) − Item.price*numberLVAR]]。

⑨ 添加"删除行"动作，设置目标为 shoppingCar，行为"当前"，如图 6-19 所示。

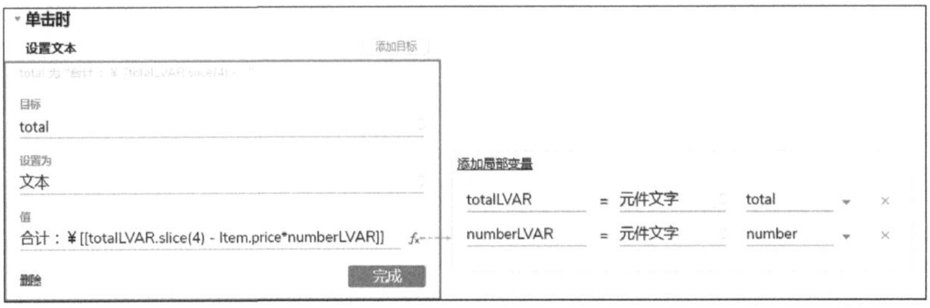

图 6-18

图 6-19

这样，增减、移除购物车商品并重新计算合计价格的交互效果就制作完成了，按 F5 键即可在浏览器中查看原型。

6.1.4 个人中心

App 的个人中心主要展示的是会员信息、订单信息、用户资产和个性设置等内容。

1. 实现效果

页面默认隐藏顶部导航栏，滚动一定距离后，会逐渐显示导航栏，页面回滚至顶部后，顶部导航栏隐藏，如图 6-20 所示（动画 30）。

（动画 30）

案例效果

图 6-20

2. 制作步骤

1 按照效果图进行页面排版，要能够支撑页面进行垂直滚动。其中，上半部分的渐变背景色可按照如下方法制作：将背景矩形的填充设置为"线性"，单击渐变条的第一色块，设置颜色为 #FFB3DC，单击第二色块，设置颜色为 #FFDDEF，如图 6-21 所示。

2 制作顶部导航栏。根据 iPhone 8 的原型尺寸规范，导航栏在原型中的尺寸为 375 像素 × 44 像素。将导航栏转换为动态面板，并命名为 head，设置将其固定到浏览器，水平固定在"左侧"，垂直固定在"顶部"，勾选"始终保持顶层（仅浏览器中有效）"，并设置状态为"隐藏"，如图 6-22 所示。

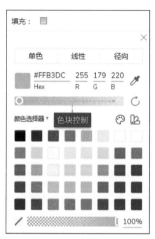

图 6-21　　　　　　　　　　　　　　　　　图 6-22

3 给页面的"窗口滚动时"事件添加交互。当页面垂直滚动的距离超出顶部标题栏的高度 44 像素时，显示标题栏，否则隐藏标题栏。

添加情形 1，并设置条件参数为"值""[[Window.scrollY]]"">=""值""44"。添加"显示/隐藏"动作，设置目标为 head，状态为"显示"，动画为"逐渐"，时长 500 毫秒。

添加情形 2，无须设置条件参数，直接添加"显示/隐藏"动作，设置目标为 head，状态为"隐藏"，动画为"逐渐"，时长 500 毫秒，如图 6-23 所示。

图 6-23

这样，当页面垂直滚动时顶部导航栏的显示和隐藏效果就制作完成了，按 F5 键即可在浏览器中查看原型。

6.2 综合案例：51CTO 学堂

素材位置	素材文件 >CH06>6.2 综合案例：51CTO 学堂
实例位置	实例文件 >CH06>6.2 综合案例：51CTO 学堂 .rp
视频名称	综合案例：51CTO 学堂（1）（2）（3）（4）.mp4
学习目标	制作 51CTO 学堂中几个典型的交互效果

扫码看视频　扫码看视频　扫码看视频　扫码看视频

本案例以 51CTO 学堂为例，制作教育类产品中的搜索、分类和评价功能主要交互效果，如图 6-24 所示。本案例所有页面的尺寸均为 375 像素 ×667 像素，即 iPhone 8 的屏幕尺寸。

图 6-24

6.2.1 搜索联想

搜索功能是软件产品中的高频功能，提供搜索联想，可以帮助用户快速找到自己想要的内容，提升用户体验。

1. 实现效果

按照课程名称搜索，输入的字符如果能够与词库内容相匹配，则视为可联想词，对应的词库内容将显示在搜索框下方，如图 6-25 所示（动画 31）。

（动画 31）

案例效果

图 6-25

2. 制作步骤

1️⃣ 排版搜索页内容，将上方搜索区域的文本框命名为 searchInput，搜索框下方会显示搜索历史和搜索联想的内容，需要使用动态面板的两个状态来分别显示二者的内容。将动态面板命名为 content，状态 1（State1）显示搜索历史，状态 2（State2）显示搜索联想的内容。本小节先介绍搜索联想的交互，因此状态 1（State1）中先使用一个矩形临时占位，状态 2（State2）中添加一个中继器作为搜索词库，将其命名为 keywordList，中继器数据集设置一个字段为 keyword，中继器的项目仅保留一个矩形，将其命名为 keyword，自行添加数据集内容并把 keyword 字段数据绑定到 keyword 矩形中，如图 6-26 所示。

图 6-26

② keywordList 中继器的作用是搜索词库，它是一个总的数据源，搜索联想就是当 searchInput 文本框的文本发生改变时，根据输入关键词的内容从 keywordList 中继器筛选出一部分符合条件的数据，实现此功能需要用到 indexOf('searchValue') 函数。

为 searchInput 文本框的"文本改变时"事件添加"添加筛选"动作，设置目标为 keywordList，筛选名称为"搜索联想"，规则为 [[Item.keyword.indexOf(searchInputLVAR)>-1]]，其中 searchInputLVAR 为局部变量，获取当前元件（searchInput）的元件文字，如图 6-27 所示。

③ 因为页面默认显示的是 content 动态面板的 State1（即历史记录），所以要继续添加"设置面板状态"动作，设置目标为 content，状态为 State2，如图 6-28 所示。

图 6-27　　　　　图 6-28

提示

筛选规则分析： 通过局部变量获取文本框的文字内容，设置参数为"searchInputLVAR""元件文字""当前（searchInput），[[Item.keyword.indexOf(searchInputLVAR)]]"可以获取到文本框中输入的字符在数据源（keywordList 中继器）中从左至右首次出现的位置，最小值只能是 0，所以当它大于 -1 时（即筛选条件设置为 [[Item.keyword.indexOf(searchInputLVAR) > -1]] 时），只要输入的内容在数据源中能够被连续匹配，就会被筛选出来。

4 步骤2和步骤3必须在searchInput文本框已经输入内容的情况下才会执行，所以要启用searchInput文本框的"文本改变时"事件的情形，设置情形1的条件参数为"元件文字长度""当前"">""值""0"。

接着添加情形2，无须专门设置条件参数。情形2是当文本框没有输入内容或内容被清空时要执行的动作。添加"设置面板状态"动作，设置目标为content，设置为State1，如图6-29所示。

这样，搜索联想的交互效果就制作完成了，按F5键即可在浏览器中查看原型。

图6-29

6.2.2　搜索历史记录

搜索历史记录是方便用户进行二次搜索的一个快捷入口，可以减少用户的操作。

1. 实现效果

在搜索联想的基础上单击联想词，联想词显示在搜索框中，并记录到搜索历史中，如图6-30所示（动画32）。

图6-30

2. 制作步骤

1 在content动态面板的状态1（State1）中添加一个中继器作为历史记录列表，将其命名为recordList；中继器数据集设置两个字段record和createTime，含义分别是历史记录、生成该条记录时间。中继器的项目仅保留一个矩形，命名为record，把record字段数据绑定在record矩形中，然后清空数据集，如图6-31所示。

图6-31

2 单击联想词，把联想词显示在搜索框中。切换至content动态面板的状态2（State2），进入keywordList中继器的项目，给keyword矩形的"单击时"事件添加"设置文本"动作，设置目标为searchInput，设置为"文本"，值为[[Item.keyword]]，如图6-32所示。

③ 把单击的联想词保存到历史记录中，即把单击的文本添加到 recordList 中继器中（历史记录列表）。继续添加"添加行"动作，设置目标为 recordList，在"添加行到中继器"对话框中给 record 字段添加值为 [[Item.keyword]]，给 createTime 字段添加值为 [[Now.getTime()]]，如图 6-33 所示。

> **提示**
>
> 历史记录列表要按照时间的倒序排列展示，即最新的搜索记录要展示在第一位，因此要把添加历史记录的时间 [[Now.getTime()]] 也记录下来，并在稍后根据这个字段进行排序。

图 6-32　　　　　　　　　　　　　　　　图 6-33

④ 添加"添加排序"动作，设置目标为 recordList，名称为"时间倒序"，列为 createTime，排序类型为 Number，排序为"降序"。把 content 动态面板设置为"隐藏"，如图 6-34 所示。

⑤ 单击历史记录列表的某一项时（即单击 recordList 中继器中的 record 矩形），也会把该项显示到 searchInput 文本框中，并隐藏 content 动态面板，交互列表如图 6-35 所示。

⑥ 给 searchInput 文本框的"文本改变时"事件的两个情形都添加"显示 / 隐藏"动作，把 content 动态面板"显示"出来，交互列表如图 6-36 所示。

> **提示**
>
> 因为步骤 4 和步骤 5 的最后一个动作都是隐藏 content 动态面板，所以当重新输入搜索关键词时，无法继续显示搜索联想的内容，因此需要增加步骤 6。

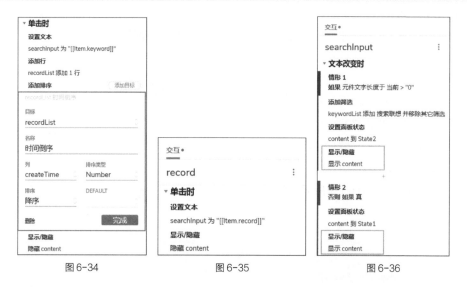

图 6-34　　　　　　　　　　　图 6-35　　　　　　　　　　　图 6-36

这样，搜索历史记录的交互效果就制作完成了，按 F5 键即可在浏览器中查看原型。

6.2.3 滑动分类导航

左右结构的分类导航是一种常见的交互形式，可以使页面分类更明确，用户查找内容更方便。

1. 实现效果

课程分类区域可以实现垂直滑动，如图6-37所示（动画33）。

（动画33）

案例效果

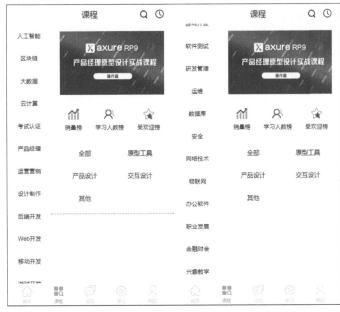

图 6-37

2. 制作步骤

1️⃣ 此效果要求页面中各个元素的尺寸、位置较精确，因此在进行页面排版时，要先对各部分的数据进行说明。页面尺寸设置为 iPhone 8 的屏幕尺寸，即 375 像素 ×667 像素（逻辑分辨率）。前面讲过，在界面原型中，iPhone 8 顶部导航栏的高度为 44 像素，底部标签栏的高度为 49 像素，此处忽略状态栏，则页面剩余的高度为 574 像素。页面左侧为一个动态面板，将其命名为 parentpanerl，尺寸 100 像素 ×574 像素，取消勾选"自适应内容"，页面右侧内容不涉及交互，按照效果图自行排版即可，如图6-38所示。

> **提示**
>
> 在实际场景中，界面原型通常会忽略状态栏，因为界面原型有时会在移动端（如手机、平板电脑等）预览，如果原型中设计了状态栏，会和这些设备本身的状态栏重复。

图 6-38

② 在动态面板的状态 1（State1）中，使用表格元件制作课程分类，分类区域的宽度为 100 像素，每个单元格的高度为 50 像素。尽可能多添加一些课程分类，让表格元件远远超出 574 像素，然后再次把表格转换为动态面板，将其命名为 subPanel。保持勾选"自适应内容"，此时，parentPanel 动态面板嵌套了 subPanel 动态面板，课程分类部分的元件层级如图 6-39 所示。

③ 给 subPanel 动态面板的"拖动时"事件添加"移动"动作，设置目标为"当前"，移动为"跟随垂直拖动"，在更多选项中设置边界参数为"顶部""<=""0"和"底部"">=""574"，如图 6-40 所示。

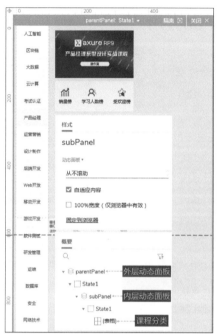

图 6-39

图 6-40

这样，课程分类导航的垂直滑动效果就制作完成了，按 F5 键即可在浏览器中查看原型。

6.2.4　发表评价

在完成线上交易后，通常会对商品或服务进行评价，评价往往是多维度的，并且支持输入文字描述。

1. 实现效果

从 3 个维度进行评价，默认五星好评，单击每组星星可以切换评分，评价描述为选填项。输入描述文字时，实时统计字数，最多 100 字，字数超出则会标红显示，且禁用"提交"按钮，如图 6-41 所示（动画 34）。

（动画 34）

案例效果

图 6-41

2. 制作步骤

下面制作五星评价部分。

1️⃣ 将矩形 1 元件拖入画布，设置尺寸为 24 像素 ×24 像素，线段颜色为 #D9001B，填充颜色为透明。在矩形 1 上执行右键菜单命令"选择形状"，然后选择"☆"，如图 6-42 所示。

2️⃣ 把"☆"复制几次，把 1 星～5 星排列成五行，如图 6-43 所示。

3️⃣ 分别选中每行"☆"，执行右键菜单命令"变换形状 > 合并"。合并前每个星星都是一个形状，合并后变成了 5 个形状，即"1 星形状"至"5 星形状"，如图 6-44 所示。

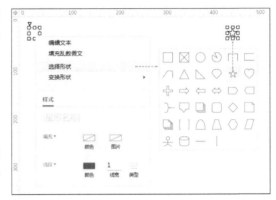

图 6-42

图 6-43

图 6-44

> **提示**
>
> 合并形状后，可以发现高度会降低，所以 1 星也要执行一次右键菜单命令"变换形状 > 合并"，否则 1 星的高度就会高于其他星级。

4️⃣ 选中所有合并后的形状，设置它们的"选中"交互样式。设置填充颜色为 #D9001B，选项组名称为 star1，如图 6-45 所示。

图 6-45

5️⃣ 因为默认五星好评，所以要设置"5 星形状"为选中状态，如图 6-46 所示。

图 6-46

⑥ 分别给"1 星形状"至"5 星形状"的"单击时"事件添加"选中"动作，设置目标为"当前"，设置为"值"，其值为"真"，如图 6-47 所示。

⑦ 把画布中的五行"☆"覆盖为一行，并拖曳概要功能区的图层，将"1 星形状"置于画布的最顶层，"5 星形状"置于画布的最底层，如图 6-48 所示。

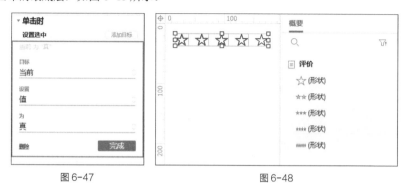

图 6-47　　　　　　　　　　　　　　　图 6-48

⑧ 另外两个维度的五星评价也按照上述方法制作。注意将这些形状的选项组名称分别设置为 star2 和 star3，接着按照效果图重新给页面排版，如图 6-49 所示。

这样，五星评价的交互效果就制作完成了，先按 F5 键在浏览器中预览一下这部分的效果。如果在切换评分时出现图 6-50 所示的现象，请检查每个形状的填充颜色是否已设置为透明。

图 6-49　　　　　　　　　　　　　　　图 6-50

接下来制作评价描述的字数统计部分。

⑨ 排版页面内容。文本域用来输入评价描述。文本域右下角的文本标签元件用来显示字数，默认文本为 0/100，将其命名为 wordsNumber，将下方的"提交"按钮命名为 submit，如图 6-51 所示。

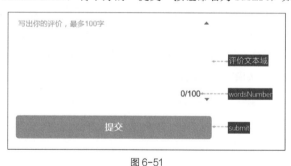

图 6-51

⑩ 选择菜单栏中的"项目 > 全局变量"命令，创建一个全局变量 number，用于记录当前已输入的字数，如图 6-52 所示。

⑪ 需要按照是否超出规定字数（100 字）分别设置交互动作，但无论哪种情况，都需要把当前已输入的字数赋值给变量 number。并且，只要文本域中的文字发生变化，就会实时统计字数，因此要给评价文本域的

"文本改变时"事件添加"设置变量值"动作,设置目标为 number,设置为为"元件文字长度",元件为"当前"。接着启用情形,因为任何时候都会执行上述动作,所以情形 1 无须设置条件,如图 6-53 所示。

图 6-52   图 6-53

⑫ 添加情形 2。需同时满足两个条件,设置参数分别为"元件文字长度""当前""<=""值""100"和"元件文字长度""当前"">""值""0"。添加"设置文本"动作,设置目标为 wordsNumber,设置为为"富文本"。单击"编辑文本"按钮,设置格式为"右侧对齐",字色为 #333333,设置文本为 [[number]]/100。接着添加"启用 / 禁用"动作,启用"submit"按钮,如图 6-54 所示。

图 6-54

⑬ 添加情形 3。设置条件参数为"元件文字长度""当前"">""值""100"或"元件文字长度""当前""==""值""0"。添加"设置文本"动作,设置目标为 wordsNumber,设置为为"富文本"。单击"编辑文本"按钮,设置格式为"右侧对齐",字色为 #D9001B,设置文本为 [[number]]/100。接着添加"启用 / 禁用"动作,禁用"submit"按钮,如图 6-55 所示。

图 6-55

这样,评价描述的字数统计的交互效果就制作完成了,按 F5 键即可在浏览器中查看原型。

6.3 综合案例：通用后台管理系统

素材位置	素材文件 >CH06>6.3 综合案例：通用后台管理系统
实例位置	实例文件 >CH06>6.3 综合案例：通用后台管理系统 .rp
视频名称	综合案例：通用后台管理系统（1）（2）（3）（4）.mp4
学习目标	制作通用后台管理系统中的常用组件

扫码看视频　扫码看视频　扫码看视频　扫码看视频

本案例先以手风琴菜单的形式搭建一个通用后台管理系统的原型框架，然后制作联动下拉菜单、穿梭框和滑块计数器等几个常用组件，如图 6-56 所示。本案例为 PC 端原型，所有页面的尺寸均为 Auto（自动），页面排列左侧对齐。

图 6-56

6.3.1 手风琴菜单

左侧手风琴菜单是后台管理系统中应用极为广泛的一种导航方式，可以实现多层级菜单导航。

1. 实现效果

（动画 35）

案例效果

通过单击一级菜单项可以实现菜单的展开和折叠效果，并且当某一组菜单展开后，其他菜单收起，如图 6-57 所示（动画 35）。

2. 制作步骤

先制作一组菜单，这一组菜单的交互制作完成后，可多次复制使用。

① 使用动态面板的两个状态分别制作菜单的折叠和展开效果，菜单中的图标可以从配套的素材文件夹中下载，也可以从 Icon 元件库中选择。将动态面板命名为 menu，状态 1（State1）中只有一级菜单项，在状态 2（State2）中加入二级菜单项，如图 6-58 所示。

图 6-57

153

② 当某一组菜单展开后，其他菜单收起，也就意味着在同一时刻最多只能有一组菜单是展开状态，这样就可以利用元件的"选中"属性来制作这个交互。将 menu 动态面板的状态 1（State1）和状态 2（State2）中的一级菜单对应的矩形选项组名称设置为"一级导航"，这样在同一时刻，所有菜单组的一级菜单就只有一个处于选中状态，如图 6-59 所示。

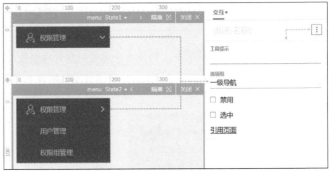

图 6-58　　　　　　　　　　　　　　图 6-59

③ 进入 menu 动态面板的状态 1（State1），给一级菜单矩形的"单击时"事件添加"设置选中"动作，设置目标为"当前"，设置"值"为"真"，如图 6-60 所示。

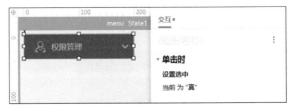

图 6-60

④ 给一级菜单矩形的"选中时"事件添加"设置面板状态"动作，设置目标为 menu，状态为 State2。在更多选项中勾选"推动和拉动元件"，设置方向为"下方"，如图 6-61 所示。

⑤ 给一级菜单矩形的"取消选中时"事件添加"设置面板状态"动作，设置目标为 menu，状态为 State1。在更多选项中勾选"推动和拉动元件"，设置方向为"下方"，如图 6-62 所示。

提示

步骤 3~5 中，先通过"单击时"事件把一级菜单设置为选中状态，再通过"选中时"和"取消选中时"事件来设置菜单的展开和折叠效果。因为在同一时刻只有一个一级菜单可以被选中，所以可以实现在同一时刻最多只有一组菜单可以展开的效果。

图 6-61　　　　　　　　　　图 6-62

⑥ 当菜单展开后，再次单击一级菜单，可以直接收起。菜单展开后，直接展示在页面上的是 menu 动态面板的状态 2（State2）中的元件，所以进入 menu 动态面板的状态 2（State2），给一级菜单矩形的"单击时"事件添加"设置面板状态"动作，设置目标为 menu，STATE（状态）为 State1。在"更多选项"中勾选"推动和拉动元件"，设置方向为"下方"。继续添加"设置选中"动作，设置目标为"当前"，设置"值"为"真"，如图 6-63 所示。

图 6-63

提示 ▼

在步骤 6 中，必须设置状态 2（State2）中的一级菜单矩形为选中状态，否则，当菜单收起后（即 menu 动态面板被设置为状态 1（State1）时），状态 1（State1）中的一级菜单矩形本身就是选中状态，无法继续触发其"选中时"交互动作，造成该菜单无法继续展开。

这样，一组菜单的交互效果就制作完成了。直接复制 menu 动态面板，形成多组菜单，注意每组菜单在垂直方向上要紧贴在一起，且不能有重合，然后修改菜单项的文本和图标，即可实现手风琴菜单的效果，按 F5 键即可在浏览器中查看原型。

提示 ▼

复制 menu 动态面板后，无须修改动态面板的命名，不会影响交互效果。

上述步骤只是实现了手风琴菜单的核心交互，当鼠标指针悬停在某个菜单项上面时，对应的项目会高亮显示，当单击二级菜单项后，还会跳转至对应的页面。读者可以参考 2.5.1 节中的内容自行制作，并按照效果图或自己的喜好完善页面的其他内容，搭建一个较为完整的后台管理系统框架。

6.3.2　联动下拉菜单

当备选项数量较多时，往往使用联动下拉菜单，便于找到所需的选项。

1. 实现效果

下面以一级分类和二级分类为例，制作下拉菜单的二级联动效果，如图 6-64 所示（动画 36）。

（动画 36）

案例效果

图 6-64

2. 制作步骤

1️⃣ 给下拉列表元件设置 3 个列表选项，作为一级分类，如图 6-65 所示。

2️⃣ 把二级分类的下拉列表元件转换为动态面板，并命名为 subClassify。一级分类有几个列表选项，动态面板就设置几个状态，此处需要设置 3 个状态，每个状态代表对应的二级分类，如图 6-66 所示。

图 6-65

图 6-66

3 当单击一级分类的下拉列表时，根据所选择的列表选项，切换二级分类的动态面板状态，即可实现联动效果。给一级分类的下拉列表元件的"单击时"事件添加 3 种情形，如图 6-67 所示。

◎ 添加情形 1 并设置条件参数为"被选项""当前""==""选项""餐饮美食"。添加"设置面板状态"动作，设置目标为 subClassify，状态为 State1。

◎ 添加情形 2 并设置条件参数为"被选项""当前""==""选项""休闲娱乐"。添加"设置面板状态"动作，设置目标为 subClassify，状态为 State2。

◎ 添加情形 3 并设置条件参数为"被选项""当前""==""选项""丽人美发"。添加"设置面板状态"动作，设置目标为 subClassify，状态为 State3。

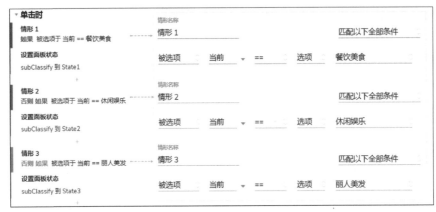

图 6-67

这样，二级联动下拉菜单就制作完成了，按 F5 键即可在浏览器中查看原型。

6.3.3 穿梭框

穿梭框一般为多选，可以显著简化页面逻辑，让交互变得更直观。

1. 实现效果

单击左侧列表框的"选择"按钮，将对应的项目转移至右侧列表框，已选择数量 +1；同理，单击右侧列表框的"移除"按钮，已选择数量 -1，如图 6-68 所示（动画 37）。

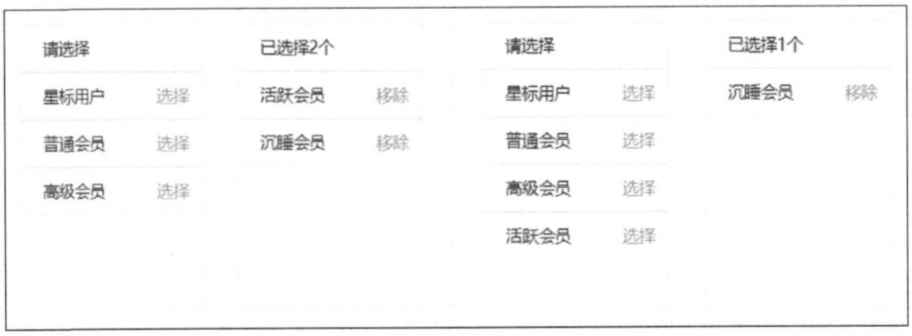

（动画 37）

案例效果

图 6-68

2. 制作步骤

1 使用基础图形元件制作列表框的表头和边框。将右侧列表框的表头命名为 chooseNumber，将文本修改为"已选择 0 个"，如图 6-69 所示。

② 左右两个列表框的主体部分使用中继器元件制作，分别将其命名为 listA 和 listB。将两个中继器的项目中的矩形分别命名为 projectA 和 projectB，用于显示列表项，并分别使用文本标签元件制作"选择"按钮和"移除"按钮。在左侧 listA 中继器数据集配置一个字段 projectA，右侧 listB 中继器数据集配置一个字段 projectB，如图 6-70 所示。

图 6-69

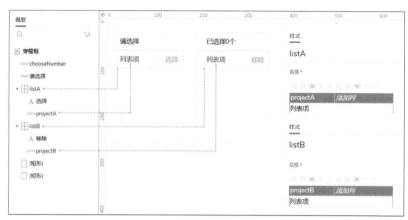

图 6-70

③ 把 listA 中继器数据集的 projectA 字段数据绑定到 projectA 矩形上，把 listB 中继器数据集的 projectB 字段数据绑定到 projectB 矩形上，如图 6-71 所示。

④ 给 listA 中继器数据集填充几条数据，清除 listB 中继器数据集，如图 6-72 所示。

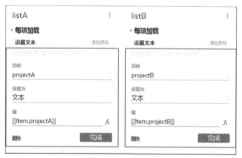

图 6-71

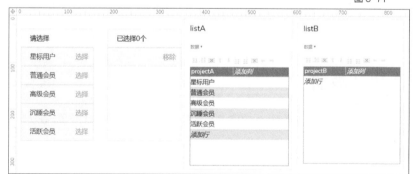

图 6-72

提示

①步骤 2~4 是使用中继器显示两个列表项的操作步骤，其中中继器项目排版、数据集配置、数据绑定的步骤描述有所简化，各位读者如果有疑问，请回到 3.4 节巩固相关知识。

②把数据集清空后，在画布中，该中继器也会以一个中继器项目的形态显示出来。

把左侧列表项"转移"到右侧的过程，其实就是给 listB 中继器添加一行，添加的内容就是 listA 中继器选择的数据，然后把对应的列表项从 listA 中继器删除。

⑤ 进入 listA 中继器，给"选择"按钮的"单击时"事件添加"添加行"动作，设置目标为 listB，接着单击"添加行"按钮，将 projectB 字段设置为 [[Item.projectA]]，如图 6-73 所示。

⑥ 添加"删除行"动作。设置目标为 listA，行为"当前"，如图 6-74 所示。

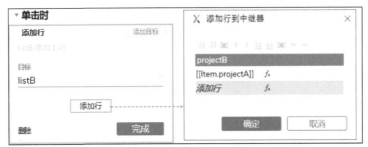 

图 6-73   图 6-74

⑦ 添加"设置文本"动作。设置目标为 chooseNumber，设置为为"文本"。单击"fx"按钮，添加局部变量，设置参数为"LVAR""元件""listB"，然后设置值为"已选择 [[LVAR.itemCount]] 个"，如图 6-75 所示。

提示

步骤 7 中 [[LVAR.itemCount]] 的含义是 listB 中继器当前已加载的行数，案例中的具体含义则是已选择的列表项数量。

图 6-75

这样，列表项的"选择"交互效果就制作完成了，按 F5 键即可在浏览器中查看原型。"移除"效果的制作思路与上述步骤一样，请读者自行尝试制作。

6.3.4   滑块计数器

使用滑块计数器可以直观地展现业务逻辑中的数据范围和当前操作在范围中的位置，在实际场景中应用较广。

1. 实现效果

（动画 38）

水平拖动滑块，滑块移动的范围代表一定范围内的数值，是一种选择数值的组件，如图 6-76 所示（动画 38）。

图 6-76

2. 制作步骤

1 使用文本标签元件显示当前选择的数值，将文本修改为"数值：0"，命名为 number。使用水平线制作滑道，设置长度为 300 像素，线段宽度为 3 像素。圆形滑块的尺寸为 20 像素 ×20 像素，让水平线的左端点正好处于圆形滑块的圆心位置。为了让二者的位置关系更加清晰，此处先把圆形滑块的填充颜色设置为透明，如图 6-77 所示。

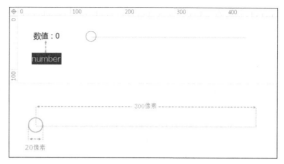

图 6-77

2 因为只有动态面板元件有"拖动时"事件，所以要把圆形滑块转换为动态面板。

3 把圆形滑块（动态面板）和水平线滑道再次整体转换为动态面板，此时元件的结构如图 6-78 所示。

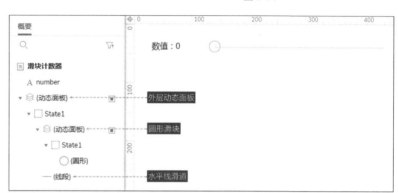

图 6-78

> **提示**
>
> 在后面的步骤中，要通过圆形滑块的 x 坐标来限制它的水平移动范围，整个滑块计数器组件的交互实现非常依赖于坐标、元件尺寸和长度等数据的计算。把滑块和滑道都放到动态面板内部后，x 坐标是相对固定的，这样整个滑块计数器组件就可以直接在项目的任意位置使用，无须每次都计算一遍交互数据。

4 进入外层动态面板的 State1，给圆形滑块（动态面板）的"拖动时"事件添加"移动"动作，设置目标为"当前"，移动为"跟随水平拖动"。在更多选项中，轨道选择"直线"，设置两个边界为"左侧""＞＝""0"和"右侧""＜＝""320"，如图 6-79 所示。

> **提示**
>
> 圆形滑块也处在动态面板中，它在滑道最左侧位置的 x 坐标为 0，所以左侧的边界值要大于等于 0。当圆形滑块移动到最右端时，也应该是圆心和水平线的右端点重合之时，圆形滑块最右侧的 x 坐标值为：水平线 x 坐标 + 水平线的长度 + 圆形滑块半径，即 10+300+10=320。所以右侧边界值要小于等于 320，如图 6-80 所示。
>
> 在步骤 3 中，把圆形滑块和水平线滑道都转换为动态面板是为了能更方便地计算上述边界值。圆形滑块和水平线的尺寸、初始位置一旦确定，圆形滑块的移动范围就是确定的，无论把这个滑块计数器组件放到什么位置，都可以直接使用；如果不把它们放到动态面板内部，那么当把这个组件应用到项目的其他位置时，圆形滑块和水平线滑道的坐标就都是不确定的，每次都要重新计算限制的边界值，无法方便地复用。

图 6-80

图 6-79

⑤ 添加"设置文本"动作，设置目标为 number，设置为为"文本"。单击"*fx*"按钮，添加局部变量，设置参数为"LVARNumber""元件""当前"。然后输入值为"数量：[[LVARNumber.x]]"，如图 6-81 所示。

提示 ▽

[[LVARNumber.x]] 可以获取圆形滑块（动态面板）的 x 坐标值，即当前滑块代表的数值。

可以简单验证一下：当圆形滑块在最左侧时，x 坐标为 0，代表的数值即为 0；当圆形滑块在最右侧时，x 坐标为 300，代表的数值即为 300。

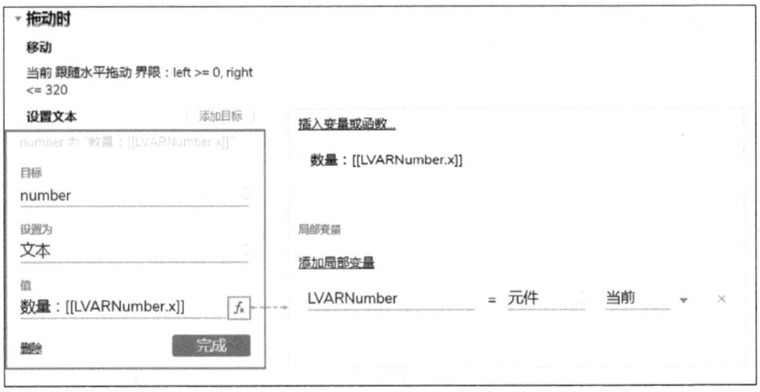

图 6-81

最后把圆形滑块的填充颜色由透明修改为蓝色，这样滑块计数器的交互就制作完成了，按 F5 键即可在浏览器中查看原型。

第7章

产品经理
职场秘诀

本章分享了一些产品经理的职场秘诀，
为刚刚入行的新人提供一些必要的帮助，
让大家在工作中尽可能地少走弯路、
提升效率、事半功倍。学完本章内
容，读者将获得一些比较实用
的产品工作经验。

X 学习目标　原型设计需要注意的细节　|　界面原型需要遵循的设计规范
　　　　　产品经理的基础技能和职能　|　如何准备作品集

7.1 注重原型细节，尽显专业风范

在培训演示、路演汇报等场景中经常使用和真实产品相差不大的高保真原型，在平时的工作交流等场景中经常使用较简单的低保真原型。高保真原型的还原度高，而低保真原型也并不意味着粗糙、杂乱。在绘制界面原型时，有几个细节需要注意，下面将从两个角度进行说明。

7.1.1 浏览体验

界面原型有时也被称为线框图、草图，绘制线框图时要尽可能做到美观、工整，这样可以显著提升原型的浏览体验，有助于团队成员、客户等项目参与者更好地理解产品经理想要表达的意图，准确地捕获需求。

1. 原型页面的内容要尽量保持对齐

页面中各个区域和区域中的组件要相互对齐，杂乱无章的页面排版会让人没有继续看下去的欲望，如图7-1所示。

在 Axure RP9 中，让各个元件对齐的方法除了添加辅助线外，还可以通过工具栏中的对齐按钮实现各种方式的快速对齐，如图7-2所示。注意，必须同时选中两个及以上的元件，对齐按钮才会被激活。

2. 尽量使用色块来划分页面区域

建议使用无边框的背景色块来区分页面的各个区域，相比使用线条来划分边界，使用不同灰度的色块更能体现层级和主次关系，并且会使页面看起来更加整洁。文本颜色和背景色块要使用反差较大的对比色，从而提升可读性，如图7-3所示。

图 7-1

图 7-3

图 7-2

7.1.2 模拟真实数据

原型页面中的数据要尽可能符合真实情况，为 UI 设计师和开发人员提供准确的信息，不要凭空编造。

1. 模拟各种长度的数据

例如资讯列表中的标题字段，常规标题和超长标题都要体现在界面原型中，标题长度超出最大字数后如何处理也要展示出来。

2. 数据类型要贴近真实

例如后台数据列表的展示，列表中的电话号码、邮箱、时间等字段的数据类型是不同的，要按照真实的数据类型去绘制原型，如图7-4所示。

图 7-4

3. 数据格式要有标准

例如金额的小数点要有统一的标准，又如时间的显示格式、要精确到分钟还是秒钟、连接符是什么，这些问题都要标识清楚。

7.2　设计规范让工作更高效，产品更完善

一提到设计规范，通常会想到 UI 设计师制定的视觉规范，例如色值、边距、尺寸等。其实，在初期的产品设计中同样需要遵循一些规范和约定，这样可以让协同工作更加高效，让产品更加完善。

7.2.1　排版规范

1. 原型尺寸

移动端界面原型的尺寸需要格外注意，为了方便进行产品演示和查看原型图，一般以 4.7 英寸 iOS 设备为基准，原型图的页面尺寸和各通用组件的尺寸规范请参考 1.5.1 小节，此处不再赘述。

2. 字体字号

界面原型中各处的字体要保持一致，一般不使用特殊艺术字体。

要注意区分页面文本的主次重点，标题、正文、辅助信息等尽量使用不同的字号，如图 7-5 所示，给 UI 设计师传递正确的视觉信息。

图 7-5

7.2.2　统一规范

1. 文案统一

相同功能、操作的文案要统一，例如"新增"与"添加"，"确认"与"确定"。

2. 提示语风格统一

根据产品的风格定位确定提示语的风格。中规中矩的产品提示语应比较正式，例如"正在加载，请稍候"，而偏向于年轻化的产品提示语可以比较俏皮，例如"哎呀，网络开小差了"，要保持各处风格统一。

3. 操作统一

相同的功能要保持操作的统一。例如删除功能，不要有的地方是"长按删除"，有的地方是"左滑删除"，要尽可能和产品所在操作系统（iOS、Android、Mac OS、Windows）保持操作的统一。

4. 位置统一

相同功能区域在界面原型中的位置要统一。例如，"添加"按钮都在数据列表的上方居左，搜索筛选区

域都在数据列表的上方居右。例如，"确定"和"取消"按钮的相对位置要各处统一，如图7-6所示。

图 7-6

7.2.3 弹窗规范

弹窗分为模态弹窗和非模态弹窗，两者的区别在于需不需要用户对其进行处理。

1. 模态弹窗

这种弹窗会打断用户当前的操作，用户必须对弹窗进行处理才能继续进行操作。

当用户进行了敏感操作，这种操作会带来比较大的影响或用户需要对接下来的操作进行选择时，应以模态弹窗的形式告知用户，如图7-7所示。

图 7-7

2. 非模态弹窗

这种弹窗不会影响用户当前的操作，大多数情况弹窗会自动消失，也有少数需要用户手动关闭，但即便用户未关闭弹窗，也不会受到影响。

非模态弹窗一般用于弱提醒或消息反馈，例如"加载中""保存成功"等。非模态弹窗一般只有一句简短的提示文字，也可能包含图标，不会承载过多信息，如图7-8所示。由于它不会打断用户，容易被用户忽略，因此也不适合承载重要的提示信息。

图 7-8

7.3 Axure RP9 不是产品经理的全部

产品经理在团队中是一个解决问题的角色，对于入行 0～2 年的初级产品经理来说，可能在更多的情况下是一名执行者。他需要把用户的需求、老板的需求转换为可以落地执行的产品功能。其他部门也可能提出产品使用上的问题，例如运营部门要上新一个营销活动、财务部门要查看某种格式的报表等。产品经理要善于平衡内部需求和外部需求，进行合理的版本规划，除此之外，还需要协调团队内部甚至团队之间的各种资源，及时和各个岗位的人员进行沟通，使项目能够健康推进，因此产品经理往往还担负着一部分项目经理的职责。

由此可见，Axure RP9 并不是产品经理的全部，它只是一个辅助产品经理进行原型设计和产品管理的工具，因此不要只迷恋于使用这款软件制作各种交互效果。本节从如下两个方面为即将入门的产品新人普及一些必要的知识。

7.3.1 产品新人的基础技能

1. 产品设计能力

产品设计首先要做的其实是业务流程设计。首先，要把原始需求在软件层转换为一个或多个完整的流程闭环，让主流程和分支流程能够经得起推敲，没有明显的漏洞。其次才是做界面原型设计，也就是功能设计，让软件功能符合人们的认知和使用习惯，使其具备简洁、好用的特点。

要做到这些，除了需要有一定的经验积累之外，还要求产品经理拥有获取"有效信息"的能力，也就是获取"真正需求"的能力。一个需求在被提出之前，一定是先遇到了某种问题，而人们的本能做法就是想出一种解决方案，并反馈给产品经理，但这种解决方案不一定是最优的，因此产品经理要学会从"解决方案"反推需求，或者与需求提出者反复沟通，挖掘他遇到的最原始的问题究竟是什么。举一个生活中的例子，在炎热的夏季，一名顾客到商店去买可乐，但店员说："可乐卖完了，请去别处看看吧！"店员因此损失了一单生意。顾客的需求看似是"可乐"，但实际上是需要"解渴"，而"可乐"是顾客自己提出来的解决方案，但解决方案却并不只有这一种，如果卖给他"矿泉水"，同样可以满足顾客的需求。

除此之外，产品经理还应具备一定的行业和业务知识，否则会走很多弯路，并且在一段时期内应尽可能不要更换跨度很大的行业。

2. 文档能力

产品需求文档（PRD）的撰写技巧在 5.6 节中已经介绍过了，此处不再赘述。需要强调的是，产品经理不是把 PRD 写好后直接甩给开发人员就不管了，虽然 PRD 经过优化后可读性已经提升了很多，但每个人的阅读能力参差不齐，所以重点在于"讲需求"，而不是"读需求"。产品经理要在需求评审会议中给各方人员充分讲解产品业务和功能，确保各方人员能够准确理解。PRD 的作用更多体现在开发过程中查阅细节，前提是已经对产品有了比较充分的了解。此外，PRD 还可以作为测试和验收的依据。

3. 沟通能力

产品经理在工作中，可能大多数时间都是在和用户、客户、领导沟通，此处重点介绍与开发工程师、测试工程师和设计师等团队内部成员沟通的技巧。

首先，建议产品经理学习一些技术和设计方面的知识，可以不深入，但至少要了解基础，这样和技术人员沟通时，至少可以减少"对牛弹琴"等尴尬情况的出现。还可以学习一些简单的 Web 前端开发语言（如 HTML、CSS、JavaScript 等）和数据库基础知识，锻炼一定的程序思维，了解前后端分离是怎么回事，了解当前流行的开发方式。现在的互联网产品基本离不开微信生态，那么就需要产品经理了解公众号开发、小程序开发的基础知识，至少要了解白盒测试、黑盒测试、集成测试、单元测试、回归测试、性能测试等含义是什么。对 UI 设计要遵循的基本原则也要有一定了解，要明白什么样的设计是优秀的设计。从这个角度来说，产品经理是一个对知识广度有一定要求的岗位。

其次，在向研发团队提需求时，一定要把需求的背景、愿景说明白，让团队成员能够理解为什么要做这些功能，不要让成员带着疑问去工作。把需求讲明白了，团队成员说不定也能提出更高明的解决方案，这是一个共同进步的过程。

最后，软件开发工作是一项费时费力的工作，要尽量避免使用 deadline 给开发工程师施加压力。要能够听取不同意见，有些需求开发难度确实比较大，这时候开发工程师可能会提出一个折中的方案，但也要明确自己的底线，不能一味地妥协，影响产品体验。

> 提示　　　　　　　　　　▼
>
> deadline 指产品完成上线部署的最终期限。

4. 项目管理能力

没有一款产品是可以一次性研发完成的，每个产品都需要经历若干个版本，互联网产品更是在一直不断地更新迭代，产品经理需要明确地规划每一个版本的功能。

在产品前期，要首先解决核心问题，制定一个最小版本，也就是最小可行性产品（Minimum Viable Product，MVP），把所有与核心功能无关的功能全部舍弃，用最小的代价完成产品的试错和验证。如何制定MVP呢？一个最简单的标准是，如果某个功能被砍掉后，产品功能就无法正常进行下去了，那么这个功能就需要保留，反之就可以考虑舍弃。

除了制定MVP外，还可以利用卡诺模型来规划产品功能，如图7-9所示。

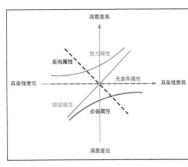

图7-9

7.3.2　项目各阶段产品经理的职能

产品经理的工作不仅是在项目前期进行需求分析、原型设计，还会贯穿于整个项目周期。

1. 产品设计阶段

在软件项目的前期，需要把原始需求进行分析、挖掘，转换成可以落地执行的产品设计方案，这一阶段的主要输出成果包括业务流程图、界面原型、需求文档等。接着，产品经理需要主持需求评审会议，与会人员包括项目经理、开发工程师、测试工程师和设计师等。在会议上，各方人员会评审产品设计是否合理，产品经理也要对各方人员提出的问题予以解答，对不合理的产品设计，要在会后进行修改。如果有可能，也可以让市场、运营或终端用户提前介入，使用高保真原型进行用户测试。

2. 产品开发阶段

需求评审通过后，进入产品开发阶段，产品经理需要和技术经理共同进行工作结构分解（Work Breakdown Structure，WBS）并确认开发排期，并根据排期及时跟进项目进度，要清晰地了解每个开发人员负责的是哪些任务。可以利用一些项目管理工具生成甘特图，找到项目的关键路径，便于把控项目风险。

随着开发的深入，可能会发现一些在需求评审时没有发现的问题，可能是业务流程上的漏洞，也可能是功能上的不合理，此时就需要对产品设计做一些修改，也就是常说的"需求变更"。一旦发生变动，一定要及时更新界面原型和文档，并做好修改记录。

产品经理还需要对 UI 设计稿进行确认，确认设计稿中是否包含低保真原型中的全部元素和功能载体，是否和产品的预期风格一致等。

现在的主流开发模式是前后端分离，会有专业的前端工程师进行静态页面的编写，并由产品经理进行验收，确认静态页面是否高度还原了 UI 设计稿，此部分工作也可以由 UI 设计师辅助完成。

3. 产品测试阶段

开发人员完成开发任务后，需要先交由产品经理进行功能验收。所谓验收，也可以理解为粗糙的测试，即产品经理要对当前产品的真实现状有一个清晰的了解，要检验开发出来的功能在大方向上是否正确，各功能是否可以跑通，主要的流程分支是否完整等。验收通过后，再提交给测试工程师进行较为细致的功能测试、性能测试和安全测试等。

4. 上线运营阶段

产品测试通过并上线运营后，产品经理需要及时搜集用户反馈，查看运营数据，决定下一步的产品方案。有些 B 端产品还可能需要进行使用培训等。

7.4　优秀作品集助力面试成功

不仅设计师需要有作品集，产品经理也需要准备自己的作品集。在面试时，一份优秀的作品集是加分项，不但可以引起面试官的注意，也更容易让双方形成有效沟通。

7.4.1　作品集准备时间

作品集并不是指工作中的所有内容，所以不要等到需要换工作时再准备作品集，在平时的学习、工作中，都要注意随时进行工作成果的积累。

7.4.2　作品集包含的内容

从前面可以了解到，产品经理的工作职能不只是绘制高保真交互稿，因此产品经理的作品集也并不完全指界面原型。在产品经理的主导下完成的产品或项目才是作品集的核心内容，界面原型只是其中的一种形式。下面将根据笔者的经验，对产品经理作品集中需要包含的内容做简要介绍，供读者参考。

1. 产品或项目背景

用一小段话简单介绍一下所做产品或项目的背景，例如是为了满足什么样的需求，能够解决用户的哪些困扰，最终的商业价值是什么等。

2. 产品设计介绍

在稍有规模的产品或项目中，可能不只有一位产品经理或相关的成员，因此只需着重介绍自己所负责的部分即可，注意避开自己不熟悉的内容。

这部分内容可以配合界面原型，介绍一些比较满意的功能，也可以在一些比较有特点的交互细节上着重进行介绍，说明为什么要设计这样的功能、交互方式等。

3. 其他阶段性工作成果

可以把诸如 PRD、流程图、WBS、甘特图等工作成果，在去除敏感信息后，以截图的形式附在作品集中。

4. 加入自己对产品的思考

一位出色的产品经理需要学会独立思考，除了具体的执行工作外，最好还能够简单地描述自己对产品现状的思考和对产品未来发展的规划，体现自己的产品思维。

7.4.3 其他说明

1. 无须过多文字

作品集不要像年终汇报一样，无须撰写很多的描述性文字，只需进行提纲挈领的概述即可，毕竟面试官主要是在交谈中了解面试者的人品、性格和工作能力。

2. 完善和迭代

在真实的项目中，产品经理最初设计的内容可能会因为各方面的原因导致最后无法完全实现，但在作品集中是可以适当发挥的，可以把没有真正实现的设计在加以完善和迭代后加入作品集中。

3. 要学会舍弃

作品数量不宜过多，要选取最优秀、自己最熟悉的项目加入作品集中，细节经不起推敲的作品要学会舍弃。

如果自己做过或参与设计的产品/项目比较少，可以多体验和临摹别人的产品（记得要标注为"临摹"），再引入自己的思考，写一份产品分析报告。

7.4.4 作品集载体

可以直接使用 Axure RP9 制作可交互的作品集，并上传至云端。除了书中介绍的 Axure 云之外，"蓝湖"也是一款高效的互联网产品设计协作平台（可以在搜索引擎中搜索"蓝湖"关键词）。相比 Axure 云，"蓝湖"支持更丰富的文件格式，除了常见的 .rp 文件外，还可以上传 Word、PPT、Excel、PDF 文档，以及 PSD 格式的设计稿，生成的在线 URL 链接具有更快的访问速度。

另外，作品集也可以直接做成 PPT 或 Keynote 的形式。无论使用何种载体，作品集本身都要有条理性，要有一定的美感，才能给面试官一个好印象。

附录

1. 附表:《Axure RP9 函数和系统变量表》

字符串

length	返回字符串的长度
charAt(index)	返回文本中指定位置的字符
charCodeAt(index)	返回文本中指定位置字符的 Unicode 编码
concat('string')	连接两个或多个字符串
indexOf('searchValue')	返回从左至右查询字符串在当前文本对象中首次出现的位置
lastIndexOf('searchvalue')	返回从右至左查询字符串在当前文本对象中首次出现的位置
replace('searchvalue','newvalue')	用新的字符串替换当前文本对象中指定的字符串
slice(start,end)	从当前文本中截取从指定起始位置开始到终止位置之前的字符串(不含终止位置)
split('separator',limit)	将文中的字符串按照指定分隔符分组,并返回从左开始的指定数量的字符串
substr(start,length)	从文本中的指定起始位置开始截取一定长度的字符串
substring(from,to)	从文本中截取从指定位置到另一指定位置区间的字符串(较小的参数为起止位置,较大的参数为终止位置,不包括终止位置)
toLowerCase()	将文本中所有的大写字母转换为小写字母
toUpperCase()	将文本中所有的小写字母转换为大写字母
trim()	删除文本两端的空格
toString()	将数值转换为字符串

数学

+	返回两数相加的值
-	返回两数相减的值
*	返回两数相乘的值
/	返回两数相除的值
%	返回两数相除的余数
Math.abs(x)	返回参数的绝对值
Math.acos(x)	返回参数的反余弦值
Math.asin(x)	返回参数的反正弦值
Math.atan(x)	返回参数的反正切值
Math.atan2(y,x)	返回某一点 (x,y) 的弧度值
Math.ceil(x)	向上取整数
Math.cos(x)	余弦函数
Math.exp(x)	以 e 为底的指数函数
Math.floor(x)	向下取整数
Math.log(x)	以 e 为底的对数函数
Math.max(x,y)	返回参数中的最大值
Math.min(x,y)	返回参数中的最小值
Math.pow(x,y)	返回 x 的 y 次幂
Math.random()	返回 0~1 之间的随机数(不含 0 和 1)
Math.sin(x)	正弦函数
Math.sqrt(x)	平方根函数
Math.tan(x)	正切函数

日期

Now	返回当前计算机的系统日期
GenDate	返回原型生成的日期
getDate()	返回日期的数值
getDay()	返回星期的数值
getDayOfWeek()	返回星期的英文名称
getFullYear()	返回年份的数值
getHours()	返回小时的数值
getMilliseconds()	返回毫秒的数值
getMinutes()	返回分钟的数值
getMonth()	返回月份的数值
getMonthName()	返回月份的英文名称
getSeconds()	返回秒钟的数值
getTime()	返回从 1970 年 1 月 1 日 00:00:00 到当前日期的毫秒数，以格林威治时间为准
getTimezoneOffset()	返回世界标准时间 (UTC) 与当前主机时间之间相差的的分钟数
getUTCDate()	使用世界标准时间，返回日期的数值
getUTCDay()	使用世界标准时间，返回星期的数值
getUTCFullYear()	使用世界标准时间，返回年份的数值
getUTCHours()	使用世界标准时间，返回小时的数值
getUTCMilliseconds()	使用世界标准时间，返回毫秒的数值
getUTCMinutes()	使用世界标准时间，返回分钟的数值
getUTCMonth()	使用世界标准时间，返回月份的数值
getUTCSeconds()	使用世界标准时间，返回秒数的数值
parse(datestring)	返回指定日期字符串与 1970 年 1 月 1 日 00:00:00 之间相差的毫秒数
toDateString()	返回字符串格式的日期
toISOString()	返回 ISO 格式的日期，格式为 yyyy-mm-ddThh:mm:ss.sssZ
toJSON()	返回 JSON 格式的日期字符串，格式为 yyyy-mm-ddThh:mm:ss.sssZ
toLocaleDateString()	返回字符串格式日期的"年／月／日"部分
toLocaleTimeString()	返回字符串格式时间的"时分秒"部分
toLocaleString()	返回字符串格式的日期和时间
toUTCString()	返回字符串形式的世界标准时间
ToTimeString()	返回字符串形式的当前时间
UTC(year,month,day,hour,min,sec,millisec)	返回指定日期与 1970 年 1 月 1 日 00:00:00 之间相差的毫秒数
valueOf()	返回当前日期的原始值
addYears(years)	返回新日期，新日期的年份为当前年份数值加上指定年份数值
addMonths(months)	返回新日期，新日期的月份为当前月份数值加上指定月份数值
addDays(days)	返回新日期，新日期的天数为当前天数数值加上指定天数数值
addHours(hours)	返回新日期，新日期的小时为当前小时数值加上指定小时数值
addMinutes(minutes)	返回新日期，新日期的分钟为当前分钟数值加上指定分钟数值
addSeconds(seconds)	返回新日期，新日期的秒数为当前秒数数值加上指定秒数数值
addMilliseconds(ms)	返回新日期，新日期的毫秒数为当前毫秒数值加上指定毫秒数值

数字

toExponential(decimalPoints)	把数字转换为指数计数法
toFixed(decimalPoints)	将数字转为保留指定位数的小数,当该数字的小数位数超出指定位数时进行四舍五入
toPrecision(length)	将数字格式化为指定的长度,当该数字超出指定的长度时,会将其转换为指数计数法

元件

This	返回当前元件	text	返回元件的文字
Target	返回目标元件	name	返回元件的自定义名称
x	返回元件的 x 轴坐标值	top	返回元件的上边界 y 轴坐标值
y	返回元件的 y 轴坐标值	left	返回元件的左边界 x 轴坐标值
width	返回元件的宽度值	right	返回元件的右边界 x 轴坐标值
height	返回元件的高度值	bottom	返回元件的下边界 y 轴坐标值
scrollX	返回元件的水平滚动距离	opacity	返回元件的不透明比例
scrollY	返回元件的垂直滚动距离	rotation	返回元件的旋转角度

窗口

Window.width	返回浏览器页面的宽度	Window.scrollX	返回浏览器页面水平滚动的距离
Window.height	返回浏览器页面的高度	Window.scrollY	返回浏览器页面垂直滚动的距离

页面

PageName	返回当前页面的名称

鼠标

Cursor.x	鼠标指针在页面位置的 x 轴坐标
Cursor.y	鼠标指针在页面位置的 y 轴坐标
DragX	鼠标指针开始沿 x 轴拖曳元件时的移动距离,向右数值为正,向左数值为负
DragY	鼠标指针开始沿 y 轴拖曳元件时的移动瞬间,向下数值为正,向上数值为负
TotalDragX	鼠标指针沿 x 轴拖曳元件时从开始到结束移动的距离,向右数值为正,向左数值为负
TotalDragY	鼠标指针沿 y 轴拖曳元件时从开始到结束移动的距离,向下数值为正,向上数值为负
DragTime	鼠标指针拖曳元件从开始到结束的时长(毫秒)

中继器 / 数据集

Item	数据集某一行的对象
TargetItem	目标数据集某一行的对象
Item. 列名	返回数据集中指定列的值
index	返回数据集某行的索引编号,编号起始为 1
isFirst	如果数据集某行是第一行,则返回 True,否则返回 False
isLast	如果数据集某行是最后一行,则返回 True,否则返回 False
isEven	如果数据集某行是偶数行,则返回 True,否则返回 False
isOdd	如果数据集某行是奇数行,则返回 True,否则返回 False
isMarked	如果数据集某行被标记,则返回 True,否则返回 False
isVisible	如果数据集某行可见,则返回 True,否则返回 False
Repeater	中继器的对象
visibleItemCount	返回中继器当前页中可见"项"的数量
itemCount	返回中继器已加载"项"的总数量,如果有筛选,则返回筛选后的数量
dataCount	返回中继器数据集中行的总数量,是否添加筛选均不会变化
pageCount	返回中继器分页的总页数

Item	数据集某一行的对象
pageIndex	返回中继器当前页的页码

布尔

==	等于
!=	不等于
<	小于
<=	小于等于
>	大于
>=	大于等于
&&	逻辑与
||	逻辑或

2. 元件库

（1）Web 端后台管理系统通用元件库。

（2）移动端元件库。